Denis Savoie

Illustrations de Thomas Haessig

COSMOGRAPHIE

Comprendre les mouvements du Soleil, de la Lune et des planètes

H&O SCIENCE

La collection « H&O science »
est dirigée par Olivier Bosseau et Henri Dhellemmes.
Le présent ouvrage est publié
sous la responsabilité d'Olivier Bosseau.

Dans la même collection

La Magie de la réalité de Richard Dawkins (illustrations de Dave McKean)

La Magie des maths d'Arthur Benjamin

Un coup de ciseaux dans la création de Jennifer Doudna et Samuel Sternberg

Dieu ne sert plus à rien de Richard Dawkins

Comprendre le changement climatique de Lawrence M. Krauss

Remerciements de l'éditeur
à Michèle et Bernard Pontier.

ISBN 9782845474017

Avant-propos

La cosmographie, c'est-à-dire la description de l'Univers au sens étymologique, n'est plus aujourd'hui qu'un vague souvenir pour nos aînés ayant fréquenté le lycée après-guerre. Il suffit d'évoquer le célèbre « Maillard & Millet » ou encore le fameux « Danjon » pour que ressurgissent des souvenirs liés à l'astronomie. La consultation de ces ouvrages laisserait rêveur plus d'un lecteur d'aujourd'hui, surtout si après les avoir étudiés, il lisait dans la préface que le contenu « est réduit au minimum de ce qu'un homme cultivé ne peut ignorer ».

Les anciennes cosmographies faisaient une large place à l'astronomie de position, c'est-à-dire à l'astronomie sphérique et à celle des mouvements. L'astrophysique était assez réduite, sauf peut-être pour les élèves des classes de Mathématiques, qui étudiaient plus en détail la constitution du Soleil et les étoiles. On est surpris de constater combien ces cosmographies, plus de 50 ans après leur publication, sont encore d'actualité. Si elles n'ont que peu vieilli, c'est que leur contenu consistait en un apprentissage des bases mêmes de l'astronomie, à savoir la description de la sphère céleste et des coordonnées servant au repérage des astres, l'étude du mouvement des astres et des différents phénomènes qui en résultent comme les éclipses, la visibilité des planètes, etc.

Cet enseignement de la cosmographie remonte en réalité au Moyen Âge, donc à une époque où l'astronomie prit pied dans les Universités ; elle faisait partie de l'enseignement du *quadrivium*, c'est-à-dire les quatre disciplines mathématiques (arithmétique, géométrie, musique et astronomie). Le programme consistait à lire, sous la direction d'un professeur, un petit ouvrage de l'astronome Jean de Sacrobosco (fin XIIe – 1244 ou 1256) intitulé *De sphaera*. Fondé sur l'astronomie de Ptolémée (IIe siècle apr. J.-C.), le *De sphaera* est composé de quatre chapitres très élémentaires pour ne pas dire très pauvres (descriptions sommaires des grands cercles du ciel, structure générale du monde). Mais encore au XVIIe siècle, dans les écoles d'Allemagne, de France et des Pays-bas, l'ouvrage de Sacrobosco — qui connut de nombreuses éditions —, était encore étudié. Les étudiants, qui par goût ou par nécessité, désiraient approfondir leurs connaissances astronomiques, devaient suivre deux autres cycles : d'abord celui appelé *Theoricae*, consacré à l'étude du mouvement des

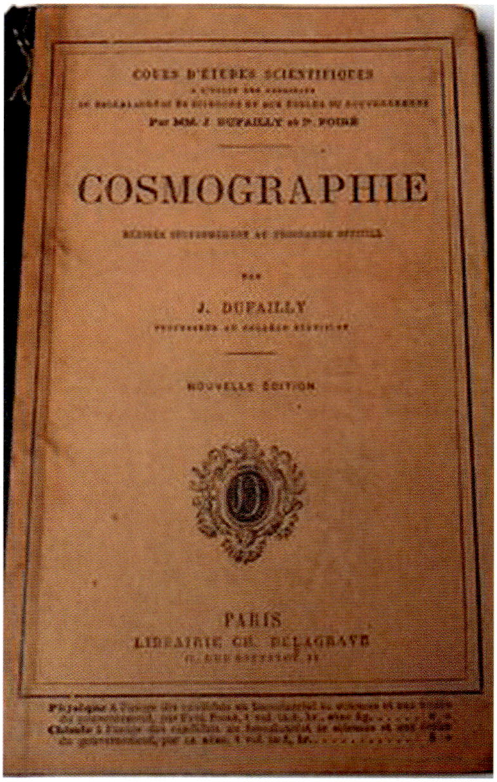

Une cosmographie ancienne.

planètes, puis à l'étude des tables astronomiques. Le troisième cycle était destiné aux astronomes souhaitant devenir « professionnels », donc très peu de monde à l'époque ; ceux-ci étudiaient en détail l'*Almageste* de Ptolémée et l'*Épitome* de Regiomontanus.

Cet enseignement s'est ensuite poursuivi au fil des siècles, devenant au XIXe siècle une discipline officielle au lycée mais quelque peu marginale. À la fin des années 1960, la cosmographie disparaît définitivement de l'enseignement des mathématiques.

Toutes les notions fondamentales qui constituent les bases de l'astronomie sont aujourd'hui dispersées çà et là dans des ouvrages qu'il est parfois difficile de se procurer.

La présente cosmographie est limitée uniquement aux questions d'astronomie de position liées aux mouvements du Soleil, de la Lune et des planètes. Une des principales difficultés de la cosmographie est de séparer les mouvements dans le ciel. La composition des mouvements de la Terre par exemple prête à confusion et l'expérience montre que le mouvement diurne embrouille toutes les conceptions. Il faut du temps pour se dégager de ce mouvement afin de raisonner sur un ciel immobile. Une autre grande difficulté est de passer d'une vision géocentrique à une vision héliocentrique d'un mouvement. D'autre part, l'observation la plus naturelle des astres se fait dans un repère qui est l'horizon et il n'est pas évident de passer de coordonnées horizontales à des coordonnées équatoriales ou écliptiques, d'autant plus que ces plans sont mobiles. On ne peut donc que recommander d'aller régulièrement visiter un planétarium.

J'ai essayé, autant que faire se peut, de respecter « l'esprit » de ces anciennes cosmographies. Toute la difficulté est de trouver un juste équilibre entre l'explication élémentaire concise et l'exposé trapu. Dans cette nouvelle édition (édition *princeps* en 2006) ont été actualisés certains chapitres que l'évolution des concepts, des définitions voire des découvertes ont nécessité.

Les mots suivis d'un astérisque renvoient à un glossaire en fin de volume.

Je remercie à nouveau Thomas Haessig pour son remarquable travail d'illustration.

Sommaire

Chapitre 1

Le mouvement diurne et la sphère céleste

Pendant des siècles, on a cru que le ciel entier tournait autour de la Terre, entraînant les astres d'Est en Ouest. C'est avec Copernic en 1543 que l'on interpréta ce mouvement apparent comme la conséquence de la rotation de la Terre sur elle-même.

Les constellations

Au cours d'une belle nuit étoilée, on peut voir à l'œil nu environ 3 000 étoiles. Dès la haute Antiquité, les hommes ont regroupé ces étoiles sous forme de constellations ; elles ont été nommées différemment selon les civilisations et associées à des animaux ou des personnages légendaires et mythologiques. Il s'agit donc de regroupements arbitraires, d'autant plus que les étoiles d'une même constellation n'ont aucun lien physique. À l'échelle de quelques siècles, les constellations ont le même aspect : on voit sensiblement le même ciel que les hommes de l'Antiquité. À plus long terme, de l'ordre de 300 000 à 500 000 ans, les constellations se déforment car les étoiles ont un mouvement propre.

En 1930, l'Union Astronomique Internationale a découpé le ciel en 88 constellations dont la dénomination officielle est en latin. Depuis le XVIIe siècle, on désigne les principales étoiles de chaque constellation par une lettre de l'alphabet grec, en général dans un ordre voisin de celui des éclats décroissants. Ceci n'est cependant pas vrai pour 34 constellations. La plus connue des constellations est la Grande Ourse, composée de sept étoiles brillantes (aussi appelée Grande Casserole ou Grand Chariot). Visible toute l'année et toutes les nuits vers le Nord sous nos latitudes, la Grande Ourse n'occupe pas la même position dans le ciel au cours des saisons. Par exemple vers l'équinoxe d'automne, elle se trouve près de l'horizon Nord vers minuit ; tandis qu'à l'équinoxe de printemps, elle se

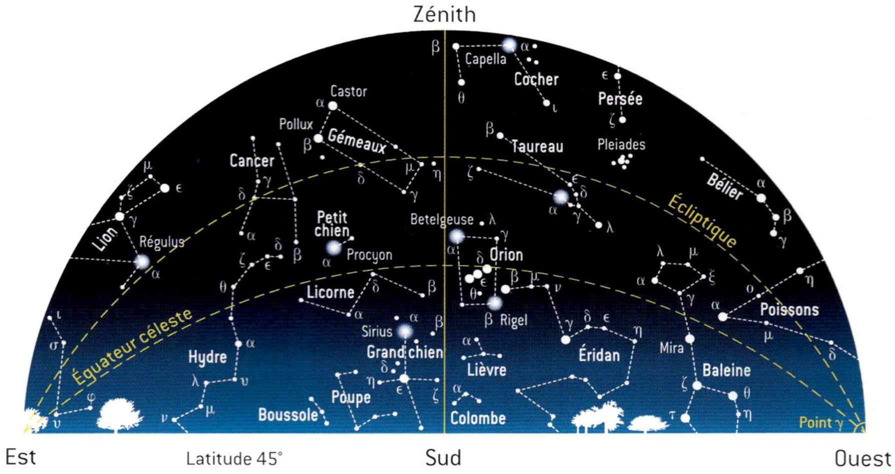

Aspect de la moitié sud du ciel (21 décembre à minuit)

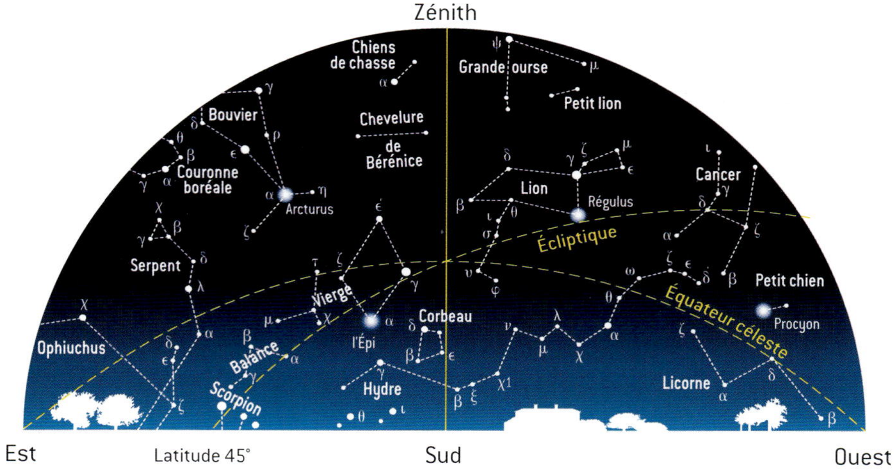

Aspect de la moitié sud du ciel (20 mars à minuit)

***Fig. 1** : Aspect de la partie sud du ciel étoilé en fonction des saisons.*

trouve presque au-dessus de nos têtes à la même heure (**fig. 1**). À partir de la Grande Ourse, il est aisé de trouver l'étoile polaire (α de la Petite Ourse) en prolongeant de 5 fois la distance apparente des étoiles α et β de la Grande Ourse. L'intérêt de cette étoile polaire (qui n'est ni la plus brillante ni l'étoile du berger) tient au fait que l'axe de rotation de la Terre passe très près (0° 39′ en l'an 2020), de sorte qu'elle indique le Nord et qu'elle semble fixe dans le ciel au cours des nuits. Notons encore que la hauteur de l'étoile polaire au-dessus de l'horizon Nord est sensiblement égale à la latitude du lieu ; à

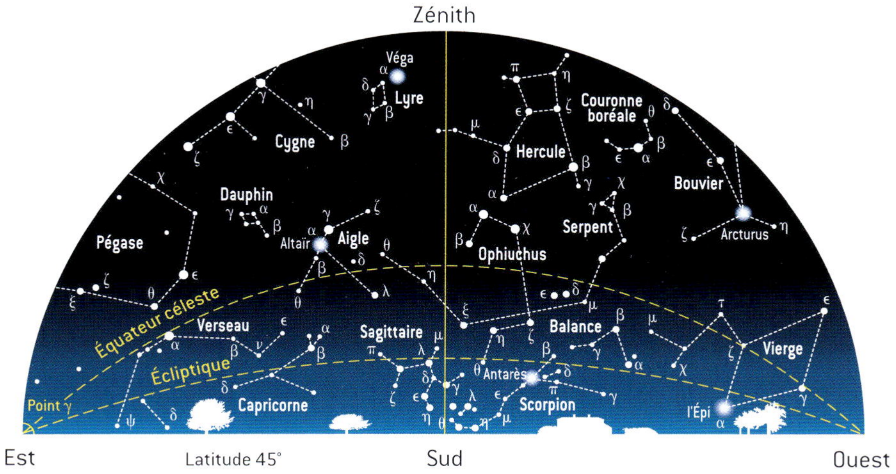

Aspect de la moitié sud du ciel (21 juin à minuit)

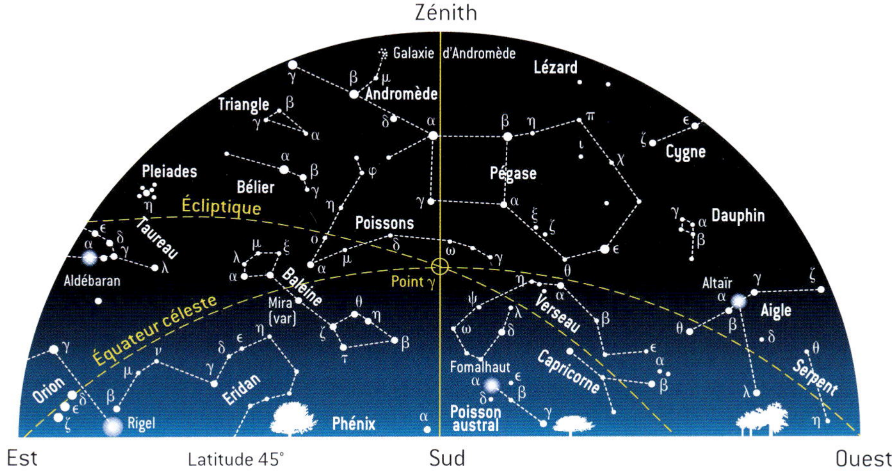

Aspect de la moitié sud du ciel (22 septembre à minuit)

Paris par exemple, l'étoile polaire est à environ 49° de hauteur.

À l'opposé de la Grande Ourse par rapport à l'étoile polaire se trouve une autre constellation célèbre, Cassiopée, en forme de W ou de M. La reconnaissance des autres constellations se fait à l'aide d'une carte du ciel en procédant de proche en proche. En regardant le ciel vers le Nord au cours de la nuit, on constate que les constellations tournent dans le sens inverse des aiguilles d'une montre ; tandis que si l'on regarde vers le Sud, c'est le contraire. On constate également que certaines constellations ne se couchent jamais (constellations circumpolaires) comme la Grande Ourse ou Cassiopée, tandis que d'autres se

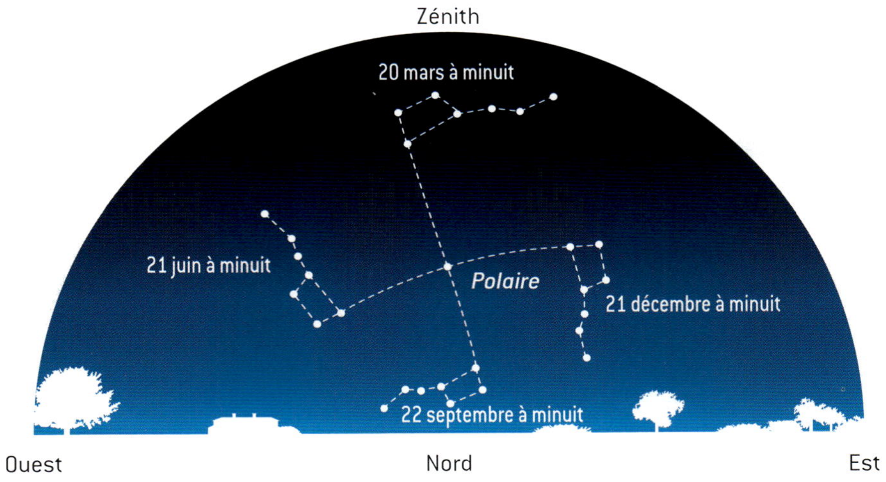

***Fig. 2** : Positions de la Grande Ourse à quatre époques remarquables de l'année à 0 h UT.*

lèvent vers l'Est, culminent, puis se couchent vers l'Ouest. Si l'on poursuit l'observation régulièrement toute l'année, on s'aperçoit qu'on ne voit pas les mêmes constellations en hiver qu'en été (**fig. 2**). Le fait que les étoiles se lèvent et se couchent au cours de la nuit est la conséquence du mouvement de rotation de la Terre sur elle-même ; le fait qu'on ne voit pas les mêmes constellations selon les saisons est la conséquence du mouvement de révolution de la Terre autour du Soleil.

▶ La magnitude

Le plus ancien catalogue d'étoiles qui nous soit parvenu est celui donné par l'astronome Ptolémée dans son ouvrage l'*Almageste* (IIe siècle apr. J.-C.). Ptolémée divise le ciel en 48 constellations et donne pour chaque étoile (1 022) ses coordonnées écliptiques et sa grandeur, c'est-à-dire son éclat : Ptolémée assigne les grandeurs de 1 à 6 : 1 signifiant que l'étoile est brillante et 6 que l'étoile a un éclat faible. Ce système de grandeur a perduré jusqu'au XIXe siècle, époque à laquelle on a introduit la magnitude, en s'arrangeant pour que les magnitudes coïncident le mieux possible avec les grandeurs d'autrefois. La magnitude d'un astre est donc un nombre qui traduit son éclat. Pour étalonner cette échelle des magnitudes, on a pris dans le ciel des étoiles-types auxquelles on a attribué une magnitude arbitraire ; puis la magnitude de toutes les autres étoiles fut calculée par comparaison avec les étalons. À l'œil nu, on voit les étoiles jusqu'à la magnitude + 6. Une étoile très brillante comme Sirius a une magnitude de – 1,4 ; le Soleil a une magnitude de – 27 ; Vénus a au maximum une magnitude de – 4,3 ; etc. On constate donc qu'une magnitude négative indique que l'astre est très brillant. Au-delà de la magnitude + 6, on estime qu'il faut un instrument optique (jumelles, lunette, télescope). Par exemple avec une paire de jumelles de 50 mm en campagne, on voit des astres de magnitude + 9,8.

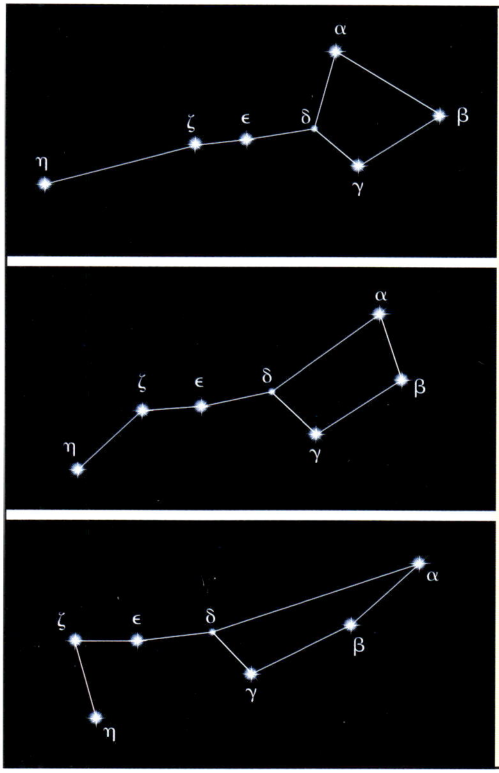

▶ Le mouvement propre des étoiles

C'est au début du XVIIIᵉ siècle que l'astronome anglais Edmund Halley (1656-1742) mit en évidence que les étoiles se déplaçaient les unes par rapport aux autres, en comparant des positions d'étoiles à celles obtenues dans l'Antiquité. Cela signifie que les étoiles ont un mouvement propre, autrement dit que la forme des constellations n'est pas immuable. Cette déformation des constellations n'est appréciable à l'œil nu que sur des centaines de milliers d'années (**fig. 3**). On peut légitimement affirmer que le ciel actuel est le même que celui que voyaient les Grecs du temps de Périclès.

Fig. 3 : Aspect de la Grande Ourse il y a 100 000 ans, à l'époque actuelle, dans 100 000 ans.

Sphéricité de la Terre

On sait au moins depuis Aristote (IVᵉ siècle av. J.-C.) que la Terre est ronde. L'apparition de nouvelles étoiles lorsque les navigateurs voyageaient vers le Sud, ou encore la forme de l'ombre de la Terre lors d'une éclipse totale de Lune ont été les arguments les plus convaincants en faveur d'une Terre sphérique. C'est au IIIᵉ siècle av. J.-C. qu'Eratosthène mesura la circonférence terrestre grâce à une expérience célèbre (voir encadré).

La première mesure précise du rayon de la Terre fut réalisée au XVIIᵉ siècle par l'astronome Jean Picard (1620-1683), qui mesura en 1669-1670 la longueur d'un arc de méridien terrestre entre Amiens et Paris. Il en conclut qu'un degré de méridien valait 57 060 toises (soit entre 111 et 112 kilomètres). Ce résultat, dont Newton (1642-1726) prit connaissance plus tard, fut important pour lever les obstacles qui se posaient sur sa théorie de la gravitation universelle.

À la même époque, ce dernier émettait l'idée que la Terre était aplatie aux pôles, ce qui entraîna une vive polémique avec Jacques Cassini (1677-1756) qui soutenait au contraire que la Terre était aplatie à l'équateur. Pourtant en 1672, l'astronome Richer (1630-1696), qui était parti à Cayenne observer Mars, constata que pour suivre correctement le mouvement diurne à Cayenne, il avait dû raccourcir le pendule de son balancier, ce qui impliquait une

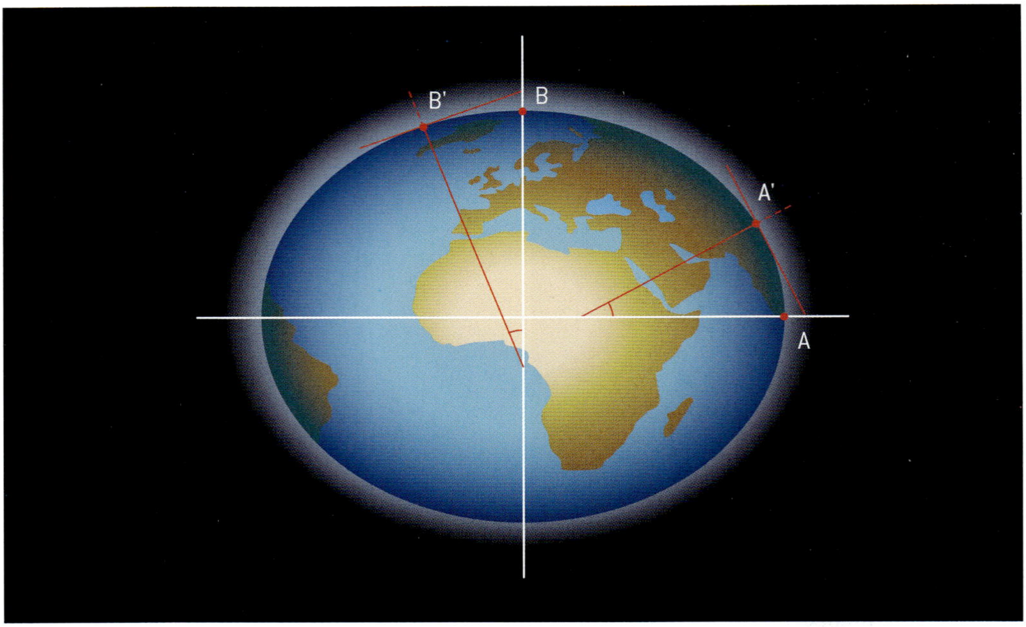

***Fig. 4** : La Terre est légèrement aplatie aux pôles.*
Un degré à sa surface varie, en diminuant du pôle vers l'équateur (AA' < BB').

diminution de la pesanteur : cela prouvait que Cayenne était plus loin du centre de la Terre que Paris. À cela s'ajoutait qu'à l'époque, on avait compris que si l'on considère une sphère fluide en rotation, la force centrifuge sera nulle aux pôles mais ne le sera pas à l'équateur, ce qui aura tendance à écarter les molécules du fluide vers l'extérieur et donc à aplatir la sphère.

Pour trancher cette question importante de la forme de la Terre, deux expéditions — aux multiples péripéties — furent envoyées en Laponie (1736-1737) et au Pérou (1735-1744). Elles donnèrent raison à Newton : la Terre est légèrement aplatie aux pôles. En 1743, dans un travail capital intitulé *Théorie de la figure de la terre*, Alexis Clairaut (1713-1765) fit une synthèse générale des rapports entre pesanteur et forme de la Terre; la géodésie moderne venait de naître. On peut considérer que le géoïde est la surface des mers prolongée sous les continents; la direction donnée en un lieu par le fil à plomb est orthogonale à cette surface. Le géoïde diffère peu d'une sphère; on peut l'assimiler avec une bonne approximation à un ellipsoïde aplati. Mais c'est évidemment avec les premiers satellites artificiels que l'on put mener une étude très précise du géoïde terrestre. Si a est le demi-grand axe de l'ellipsoïde, b le demi-petit axe et f l'aplatissement défini par $f = (a - b)/a$, on adopte aujourd'hui les valeurs suivantes :

rayon équatorial de la Terre : 6378136,6 m
rayon polaire de la Terre : 6356751,6 m
aplatissement : 1/298,257

▶ La mesure de la circonférence de la Terre avec un cadran solaire

Au IIIe siècle av. J.-C., l'astronome grec Ératosthène a mesuré la circonférence de la Terre d'où il put déduire son rayon. Son expérience fut rapportée par un auteur bien plus tardif, Cléomède (environ IIe ou IIIe siècle de notre ère) dans son ouvrage *De motu circulari corporum caelestium*. On savait que dans le Sud de l'Égypte, près de la ville de Syène (aujourd'hui Assouan) se trouvait un puits dans lequel se reflétait l'image du Soleil en été à midi (**fig. 5**). Autrement dit, le Soleil passait au zénith du puits, Syène se trouvant près du tropique du Cancer. Par contre beaucoup plus au Nord, à Alexandrie, un gnomon projetait sur le sol une ombre dont il était facile de mesurer la longueur afin de déterminer la hauteur du Soleil, d'où l'on déduisait la distance angulaire entre les deux villes. Eratosthène connaissait la distance entre Alexandrie et Syène (environ 800 km) grâce à des arpenteurs du désert, les bématistes, qui comptaient leurs pas en marchant. Il put ainsi déduire la valeur de la circonférence terrestre. Cette méthode suppose, comme le rapporte Cléomède, qu'Alexandrie et Syène soient sur le même méridien, ce qui n'est pas exactement le cas. Mais ce qui importe ici n'est pas la précision de la mesure, mais la simplicité de la méthode. Donnons-en un exposé moderne; Alexandrie (point A) se trouve à 31° 12′ de latitude, et posons que le puits (point S), situé sur le même méridien qu'Alexandrie, soit à 23° 26′ de latitude. Le jour du solstice d'été à midi solaire, le Soleil est au zénith du puits; donc un bâton planté en terre ne porte pas d'ombre. Par contre au même instant, à Alexandrie, un bâton de longueur a projette une ombre l. Pour mesurer l'angle α, angle entre la verticale du bâton et le Soleil, on fait $l/a = \tan \alpha$ d'où l'on déduit α. On voit que le Soleil étant très loin, ses rayons sont parallèles, de sorte que l'angle α est égal à β, différence de latitude entre Alexandrie et Syène, soit 7° 46′. On sait par ailleurs que l'arc $AS = R\beta\pi/180°$, R étant le rayon de la Terre. Si l'on prend comme distance AS = 859 km, on obtient R = 6337 km.

Fig. 5 : *Principe de l'expérience d'Ératosthène pour mesurer la circonférence de la Terre.*

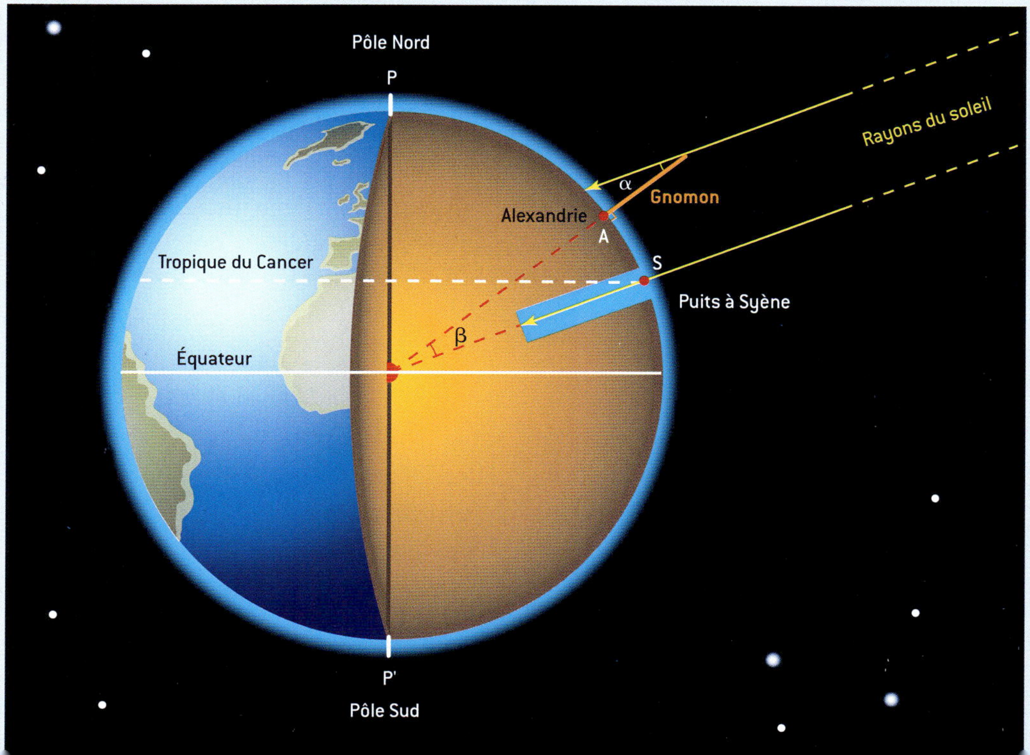

Il y a donc un peu plus de 21 km d'écart entre le rayon polaire et le rayon équatorial. Un fil à plomb n'est donc pas dirigé exactement vers le centre de la Terre du fait que celle-ci n'est pas une sphère parfaite (**fig. 4**). En raison de l'aplatissement, un degré de méridien compté à l'équateur n'a pas la même valeur en kilomètres qu'un degré compté aux pôles. On a sensiblement :

à l'équateur	1° = 110,57 km
à la latitude 45°	1° = 111,13 km
aux pôles	1° = 111,69 km

Rappelons au passage qu'un *mille marin*, unité des longueurs utilisées pour la mesure des distances en mer, correspond à l'arc de 1′ à la latitude 45°, soit 1852 m. Une minute de longitude correspond en mètres sur le terrain à (1852 cos ϕ); par exemple pour ϕ = 48°, une minute de longitude correspond à 1239 mètres.

Le mètre, qui avait été défini par la Convention, fut pendant longtemps la dix millionième partie du quart d'un méridien terrestre. Sa détermination donna lieu aux célèbres mesures méridiennes entre Dunkerque et Barcelonne effectuées par Jean-Baptiste Delambre (1749-1822) et Pierre Mechain (1744-1804) de 1792 à 1798. Un prototype international en platine iridié, établi en 1899, fut conservé au Pavillon de Breteuil à Sèvres, et servit d'étalon pendant des décennies.

Depuis 1983, le mètre est défini par rapport à la vitesse de la lumière dont la valeur est considérée comme définitive (c = 299792458 m/s) : le mètre est la longueur du trajet parcouru par la lumière dans le vide en une durée de 1/299 792 458 de seconde.

Coordonnées géographiques

En supposant que la Terre est parfaitement sphérique, on détermine une droite imaginaire *PP'* (**fig. 6**) autour de laquelle tourne notre planète. Cette droite s'appelle l'axe de rotation ou axe terrestre; il coupe la surface de la Terre en deux points qui sont le pôle Nord P et le pôle Sud P'. Le grand cercle perpendiculaire à l'axe de rotation s'appelle l'équateur terrestre; il divise la Terre en deux hémisphères Nord et Sud. Les petits cercles dont les plans sont parallèles à l'équateur s'appellent les parallèles

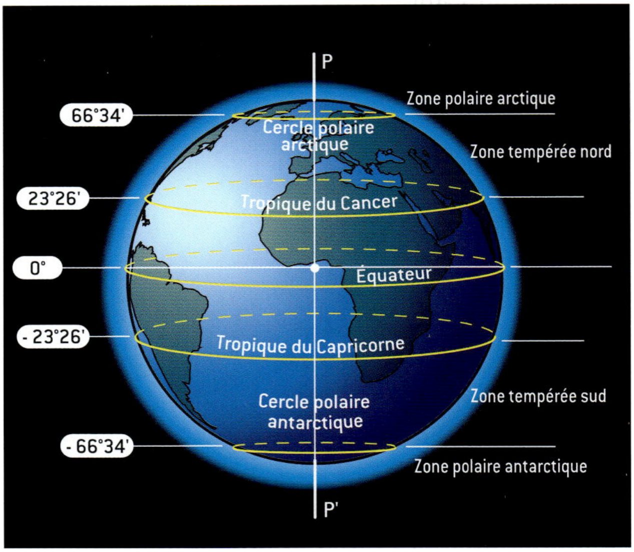

***Fig. 6** : Position des tropiques et des cercles polaires à la surface de la Terre.*

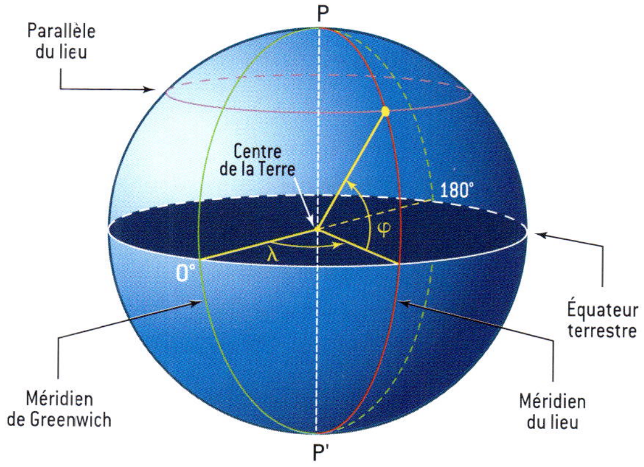

***Fig. 7** : Coordonnées géographiques.*

géographiques; on distingue notamment le parallèle situé à + 23° 26′ de l'équateur (tropique du Cancer) et le parallèle situé à – 23° 26′ (tropique du Capricorne). L'importance de ces deux tropiques tient au fait que c'est uniquement entre ces deux petits cercles que le Soleil peut passer au zénith. Leur latitude est donc égale à l'obliquité de l'écliptique*.

Les parallèles situés à + 66° 34′ et à – 66° 34′ sont respectivement le cercle polaire arctique et le cercle polaire antarctique; c'est à partir de ces cercles que l'on observe le Soleil de minuit, c'est-à-dire le Soleil au-dessus de l'horizon alors qu'il est minuit local.

Le demi-grand cercle qui passe par les pôles s'appelle le méridien; celui qui passe par l'Observatoire de Greenwich est le méridien international.

Pour repérer un lieu à la surface de la Terre, on utilise ses coordonnées géographiques, la latitude et la longitude (**fig.**7). La latitude* d'un lieu, notée ϕ, est l'angle entre la verticale du lieu et l'équateur; elle est comptée en degrés, positivement depuis l'équateur de 0° à + 90° dans l'hémisphère Nord, et négativement de 0° à – 90° dans l'hémisphère Sud.

La longitude* λ d'un lieu est l'angle dièdre entre le méridien du lieu et le méridien international qui passe par Greenwich (longitude zéro). Les longitudes sont comptées depuis le méridien international, positivement vers l'Ouest de 0° à + 180°, et négativement de 0° à – 180° vers l'Est. Il s'agit ici de la convention de signe des astronomes[1]. Les longitudes sont exprimées soit en degrés, minutes, secondes (°,′,″), soit en heures, minutes, secondes (h, m, s). Rappelons que par définition, 15° = 1 h. La longitude de l'Observatoire de Paris par exemple est de – 2° 20′ 15″ (ou encore 2° 20′ 15″ E) ou – 0 h 9 m 21 s.

La détermination des coordonnées géographiques se fait aujourd'hui de façon très précise grâce aux systèmes de navigation et de positionnement par satellites (GNSS = Global Navigation Satellite System) qui regroupent le GPS américain, le Glonass russe, le BeiDou chinois et le Galileo européen. Ce dernier, qui est uniquement civil, est constitué de 30 satellites, situés sur trois orbites circulaires à 23 200 km d'altitude. Chaque satellite est muni d'une horloge atomique synchronisée depuis le sol ainsi que d'un émetteur qui transmet le signal d'horloge et la position du satellite. L'utilisateur détermine alors avec son récepteur sa distance à quatre satellites, ce qui lui donne sa latitude, sa longitude et son altitude : sa position est déterminée au mètre près voire à quelques centimètres.

1. Comme c'est l'usage en France depuis au moins le XVIIe siècle, les longitudes sont comptées positivement vers l'Ouest.

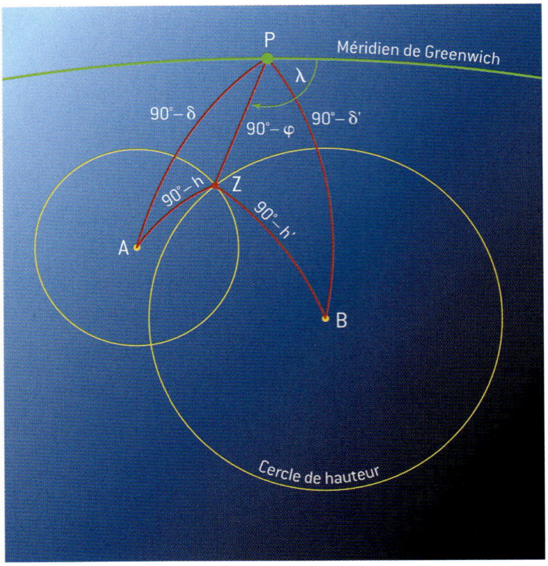

Fig. 8 *: Principe du point astronomique en mer.*

Citons également le point astronomique en mer, qui consiste à relever à deux instants de la journée la hauteur du Soleil à l'aide d'un sextant de marine en notant précisément l'heure et d'en déduire les coordonnées géographiques. On peut aussi relever la hauteur d'étoiles de première grandeur, de planètes brillantes (comme Vénus ou Jupiter) ou encore de la Lune, lors du crépuscule nautique (Soleil à moins de 12° sous l'horizon). Supposons (**fig. 8**) que l'observateur a effectué des mesures de hauteurs à des heures différentes mais d'un même lieu Z. Les points A et B représentent les zéniths des lieux du globe où se trouvent les astres A et B lors des mesures. On peut donc tracer de ces zéniths un cercle qui matérialise les points sur Terre sur lesquels on trouverait au même instant la même hauteur. De ce fait, l'observateur se trouve à l'intersection de ces cercles. Comme il existe deux solutions, on peut soit faire un troisième relevé, soit éliminer par le calcul la position aberrante.

▶ La carte de France de Louis XIV

« [...] En effet, on ne saurait se représenter combien de grossières erreurs se trouvaient dans la carte de France avant que l'Académie eût entrepris de la réformer. Toutes les bornes en étaient considérablement déplacées. Les géographes mettaient entre Brest et Paris une différence de longitude de 8° et 9′ à 10′. Les observations réitérées de Picard et La Hire apprirent qu'elle n'était que de 6° 54′ ; de sorte que cette pointe de la Bretagne était avancée dans la mer de plus de 30 lieues qu'il ne fallait. Il en était à peu près de même de toute la côte de l'Océan. Il y a plus, la latitude de la plupart des villes méridionales du royaume était marquée moindre qu'elle n'était, et l'erreur qui allait toujours en croissant à mesure qu'on s'éloignait de la capitale était de plus d'un demi-degré aux frontières ; erreur monstrueuse si l'on considère avec quelle facilité l'on peut mesurer la latitude d'un lieu. M. de La Hire dressa une carte corrigée suivant ses observations et où ces différences étaient marquées. Lorsqu'il la présenta au roi, ce prince qui voyait son domaine resserré de tous côtés, dit en badinant que son Académie lui témoignait bien peu de reconnaissance, puisque tandis qu'il le soutenait par sa protection et ses dépenses, elle diminuait l'étendue de sa domination. L'académicien répondit apparemment que la puissance d'un monarque dépendait moins que cette étendue, que le nombre et de l'attachement de ses sujets, et qu'en cela sa majesté l'emporterait toujours sur tous les autres prince de l'Europe ».

Jean-Étienne Montucla, *Histoire des mathématiques*, Paris, An VII (1799), t. II, quatrième partie, p. 583-584.

▶ Conversion des degrés, minutes, secondes en heures, minutes, secondes

La longitude de l'Observatoire de Paris est 2° 20′ 15″ Est; exprimons cette longitude en heures, autrement dit, divisons-la par 15° (puisque 15° = 1 h). On transforme dans un premier temps la longitude en degrés décimaux, en divisant les minutes par 60 et les secondes par 3600. On obtient : 2 + (20/60) + (15/3600) = 2,3375°. En divisant par 15, on a 0,1558333 heure décimale. Pour convertir cette heure décimale en heure, minutes, secondes, on multiplie le résultat par 60, soit 9,35 minutes. Pour obtenir les secondes, on soustrait les minutes puis on multiplie encore le résultat par 60, ce qui donne 21 secondes. En définitive, la longitude de l'Observatoire de Paris exprimée en temps est de – 0 h 09 m 21 s (attention au signe).

On pourrait faire la conversion dans l'autre sens, c'est-à-dire exprimer la longitude en temps en degrés, minutes, secondes. Le principe reste identique : on divise les minutes par 60 et les secondes par 3600 pour obtenir la longitude en heure décimale : 0 h 09 m 21 s = 0 h + (9/60)+ (21/3600) = 0,1558333 heure. En multipliant par 15, on obtient 2,3375°. En soustrayant les degrés puis en multipliant par 60, on obtient les minutes : 20,25′. En soustrayant les minutes et en multipliant par 60, on obtient les secondes, soit 15″.
Il faut faire attention à ne pas confondre les minutes et les secondes d'heure en minutes et secondes de degrés. Affirmer qu'un record sportif a été battu en 12′ 45″ est incorrect : il faut écrire en 12 m 45 s.

▶ Distance entre deux points sur Terre

En supposant la Terre parfaitement sphérique, on calcule la distance D entre deux points sur Terre de la façon suivante : soit A un point de coordonnées (ϕ, λ) et B un autre point de coordonnées (ϕ', λ'), définis par leur latitude ϕ et leur longitude λ. En appliquant la formule (I) de la trigonométrie sphérique (voir Annexe), on a :

$$\cos a = \sin \phi \sin \phi' + \cos \phi \cos \phi' \cos (\lambda - \lambda')$$

a étant l'arc de grand cercle joignant les deux points (arc aussi appelé distance orthodromique). Pour de nombreuses applications, il suffit de considérer que la Terre est une sphère de 40 000 km de circonférence; son rayon R vaut alors 6366 km. On obtient alors la distance D par $Ra\pi/180°$. Exemple de calcul de la distance Paris-New York. Les coordonnées des deux villes sont : Paris (ϕ = + 48° 50′ ; λ = – 2° 20′); New York (ϕ' = + 40° 42′ ; λ' = + 74° 00′). D'où a = 52,49658° ; on en déduit que D = 5833 km environ.

La sphère et les coordonnées

Que l'on soit à Paris, à Tokyo ou à Sydney, une même constellation ne change pas d'aspect : la distance angulaire entre deux étoiles par exemple reste la même. Cela signifie que les dimensions de la Terre sont négligeables devant la distance qui nous sépare des étoiles. On peut donc considérer que l'on est situé au centre d'une sphère de rayon très grand. Pour repérer un astre sur cette sphère céleste, plusieurs plans de référence peuvent être utilisés.

Coordonnées horizontales

• Hauteur et azimut

Le repère le plus simple est celui donné par la verticale du lieu : c'est la direction donnée par un fil à plomb dans

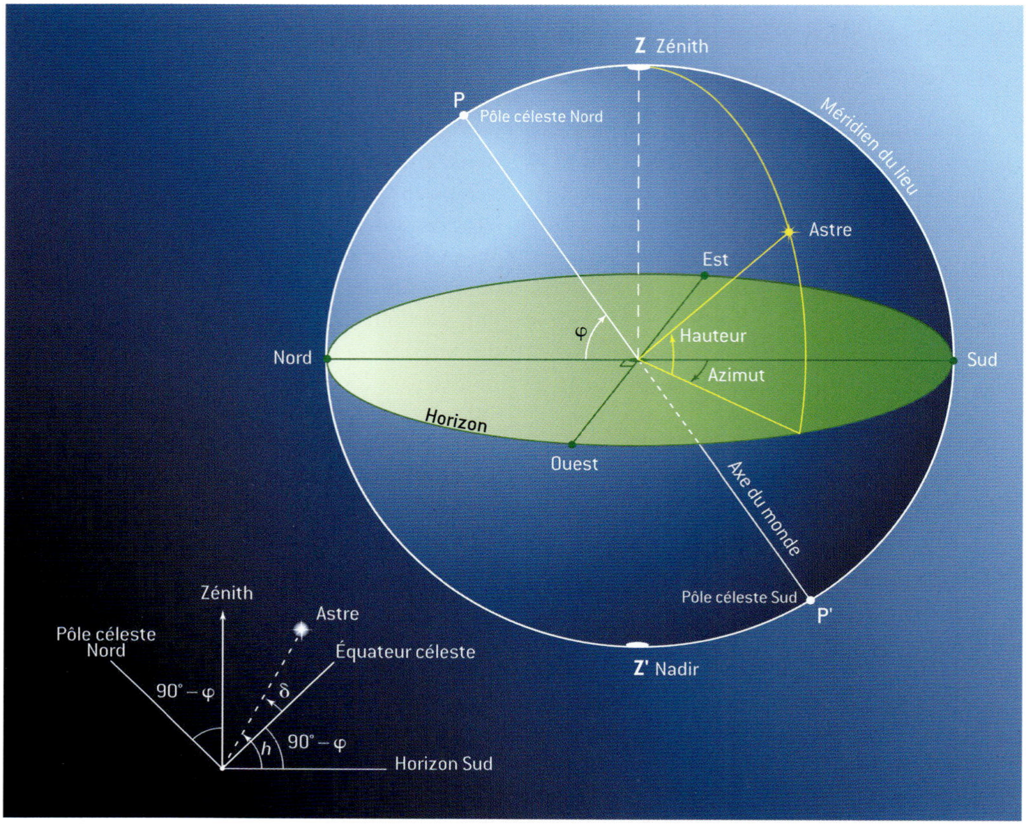

***Fig. 9** : Sphère céleste locale et coordonnées horizontales d'un astre (azimut et hauteur).*

sa position d'équilibre. Le plan perpendiculaire à la verticale du lieu est le plan horizontal. On peut donc définir une sphère céleste locale que la verticale ascendante du lieu coupe au zénith* Z, tandis que le point diamétralement opposé est le nadir* Z' (**fig. 9**).

Le grand cercle NESO figure l'horizon : Nord est la direction du Nord géographique, E la direction de l'Est, S la direction du Sud, O la direction de l'Ouest. On notera que la direction Nord-Sud est perpendiculaire à la direction Est-Ouest. La direction du pôle céleste Nord est représentée par le point P, fixe sur la sphère. Le diamètre PP' est la ligne des pôles, encore appelé axe du monde (en Europe, le pôle céleste Sud P' est invisible).

Le plan qui contient la verticale du lieu et l'axe du monde est le méridien* du lieu : c'est aussi la direction Nord-Sud géographique. Le méridien du lieu est le grand cercle qui passe par le point cardinal Nord, le pôle céleste Nord, le zénith et le point cardinal Sud. C'est au méridien que les astres culminent, soit vers le Sud, soit vers le Nord. Mais comme certaines étoiles peuvent culminer deux fois (celles qui sont circumpolaires), on précise alors « culmination supérieure » si celle-ci s'effectue entre le pôle céleste

Nord et le Sud, et « culmination inférieure » si celle-ci s'effectue entre le pôle céleste Nord et le Nord.

Le premier vertical* est le plan passant par le point Est, le zénith et le point Ouest. Le premier vertical est perpendiculaire au méridien du lieu.

Dans cette sphère céleste locale, seule la direction du pôle céleste est indépendante du lieu d'observation. Par contre, si l'on se déplace en latitude, la distance pôle-zénith change. On notera que la hauteur du pôle céleste Nord au-dessus de l'horizon est égale à la latitude du lieu.

Dans cette sphère locale, on repère un astre (étoile, Soleil, planète, etc) par deux coordonnées appelées coordonnées horizontales : la hauteur* et l'azimut*. La hauteur d'un astre est sa distance angulaire à l'horizon; si l'astre est à l'horizon, sa hauteur est nulle; elle vaut 90° si l'astre est au zénith. On utilise souvent la distance zénithale* d'un astre : c'est le complément à 90° de la hauteur. Par exemple, si l'on appelle h la hauteur et z la distance zénithale, on a $z = 90° - h$.

L'azimut est la distance angulaire d'un astre, compté dans le plan de l'horizon, au méridien Sud. L'azimut est compté positivement du Sud vers l'Ouest, de 0° à + 180°, et négativement du Sud vers l'Est, de 0° à – 180°. L'azimut d'un astre qui passe au méridien (à sa culmination supérieure) vaut 0°; l'azimut du point cardinal Ouest vaut + 90°; l'azimut du point cardinal Est vaut – 90°. On notera que les marins et les pilotes d'avion comptent les azimuts depuis le Nord géographique dans le sens horaire, contrairement aux astronomes qui ont pris pour origine le Sud.

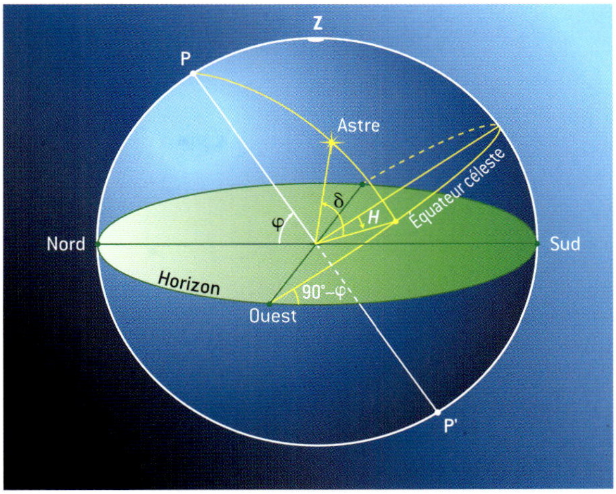

***Fig. 10** : Sphère céleste locale et coordonnées équatoriales d'un astre (déclinaison et angle horaire).*

Coordonnées équatoriales

• Déclinaison et angle horaire

On peut également, toujours pour repérer un astre sur cette sphère, utiliser le plan de l'équateur céleste : c'est la projection dans le ciel de l'équateur terrestre (**fig. 10**). L'équateur céleste est donc le grand cercle qui passe par les points Est et Ouest, et dont les pôles sont les pôles célestes Nord et Sud. En un lieu de latitude ϕ, la hauteur de l'équateur au-dessus de l'horizon Sud vaut $90° - \phi$. L'équateur céleste, qui est perpendiculaire à l'axe des pôles, coupe le ciel en deux hémisphères, Nord et Sud. Les coordonnées mesurées dans et depuis le plan de l'équateur sont les coordonnées équatoriales : la déclinaison* δ et l'angle horaire H.

La distance angulaire d'un astre à l'équateur est la déclinaison δ : elle est comptée positivement de 0° à + 90° dans l'hémisphère Nord, et de 0° à

▶ Classification des étoiles en fonction de leur déclinaison

Pôle céleste Nord visible :		Pôle céleste Sud visible :	
$\delta \geq 90° - \phi$:	étoiles circumpolaires boréales	$\delta \geq 90° - \|\phi\|$:	étoiles invisibles
$\phi - 90° < \delta < 90° - \phi$:	étoiles à lever et coucher	$\|\phi\| - 90° < \delta < 90° - \|\phi\|$:	étoiles à lever et coucher
$\delta \leq \phi - 90°$:	étoiles invisibles	$\delta \leq \|\phi\| - 90°$:	étoiles circumpolaires australes

– 90° dans l'hémisphère Sud. Un astre situé sur l'équateur a une déclinaison nulle; la déclinaison du pôle céleste Nord vaut + 90°; la déclinaison du zénith est égale à la latitude du lieu. On peut considérer que la déclinaison des étoiles est pratiquement invariable au cours de l'année alors que la déclinaison du Soleil, de la Lune et de certaines planètes rapides varie tous les jours.

En raison du mouvement diurne qui entraîne les astres d'Est en Ouest, ceux-ci semblent décrire des parallèles dans le ciel. On constate que les astres dont la déclinaison est négative se lèvent au Sud-Est et se couchent au Sud-Ouest. Les astres dont la déclinaison est positive se lèvent au Nord-Est et se couchent au Nord-Ouest. Seuls les astres dont la déclinaison est nulle se lèvent exactement à l'Est et se couchent exactement à l'Ouest.

Sous nos latitudes européennes, les astres dont la déclinaison est supérieure à $(90° - \phi)$ ne se lèvent pas et ne se couchent pas : ils sont circumpolaires. Quant aux astres dont la déclinaison est inférieure à $(\phi - 90°)$, ils sont invisibles en ce lieu.

L'angle horaire d'un astre, noté *H*, est la distance angulaire, comptée dans le plan de l'équateur, depuis sa culmination supérieure, positivement vers l'Ouest de 0° à + 180°, et négativement vers l'Est de 0° à – 180°. On peut également le compter de 0° à 360° dans le sens horaire (sens des aiguilles d'une montre). L'angle horaire d'un astre à sa culmination supérieure vaut 0°. L'angle horaire d'un astre varie en permanence en raison du mouvement diurne.

• Ascension droite et temps sidéral

À l'exception de la déclinaison, les coordonnées ainsi définies (hauteur, azimut, angle horaire) sont variables en fonction de l'heure. À l'image d'un point sur Terre qui est repéré par sa latitude et sa longitude, on définit une autre coordonnée équatoriale d'un astre, son ascension droite* α, qui est l'équivalent en quelque sorte de la longitude sur Terre, la déclinaison étant l'équivalent de la latitude.

Mais comme il n'existe pas de méridien de Greenwich dans le ciel, les astronomes ont choisi comme origine des ascensions droites un point immatériel, le point vernal* ou point gamma : c'est l'intersection de l'équateur céleste avec l'écliptique*. L'écliptique est le grand cercle de la sphère qui correspond à la trajectoire apparente du Soleil au cours de l'année (voir ci-dessous).

Comme l'équateur et l'écliptique se coupent en deux points, on a choisi le point ascendant de l'écliptique, noté γ, qui correspond à la position du Soleil le 20 mars à l'équinoxe de printemps.

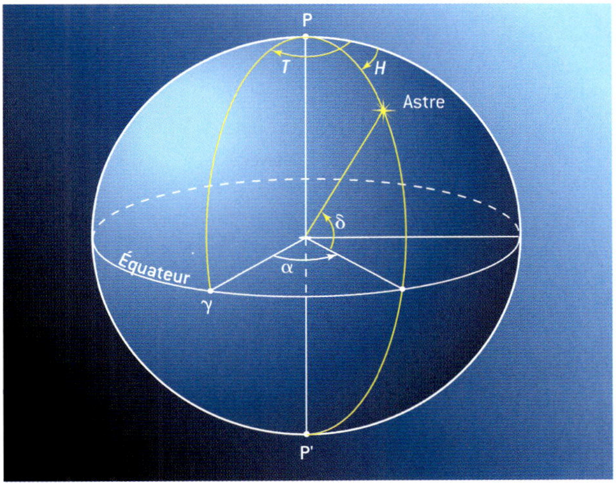

Fig. 11 : Relation entre les coordonnées équatoriales et le temps sidéral.

L'ascension droite d'un astre est comptée dans le plan de l'équateur depuis le point vernal, dans le sens direct (donc d'Ouest en Est), de 0° à 360° (**fig.11**). Mais pour des raisons pratiques que l'on va décrire, on exprime généralement les ascensions droites en heures, minutes, secondes, de 0 h à 24 h (rappelons que 15° = 1 h). Comme la déclinaison, on peut considérer que l'ascension droite d'une étoile est invariable au cours de l'année. On verra par la suite qu'en raison du mouvement de précession des équinoxes, les coordonnées équatoriales varient lentement au cours du temps.

Encore une fois, il est important de comprendre qu'en raison du mouvement diurne, le repère adopté — le point vernal — est entraîné comme les astres d'Est en Ouest. En raison de son importance et du rôle qu'on lui fait jouer, l'angle horaire du point vernal porte le nom de temps sidéral*, noté *T*. Ce nom est plutôt mal choisi car il laisse croire que c'est un temps alors que c'est un angle. On l'exprime, comme l'ascension droite, en heures, minutes, secondes.

Le temps sidéral augmente de 24 h en un jour sidéral; lorsque le point vernal est à sa culmination supérieure, au méridien, le temps sidéral vaut 0 h. Entre deux passages du point vernal au méridien du lieu, il s'écoule 23 h 56 m 04 s : c'est le jour sidéral, qui traduit en quelque sorte le mouvement diurne. On précise souvent « temps sidéral local »,

▶ Culmination et passage au méridien

Lorsqu'un astre passe au méridien (supérieur), son angle horaire et son azimut valent zéro, tandis que sa hauteur h est maximale et vaut (90° – ϕ + δ). Le temps sidéral local est alors égal à l'ascension droite. L'astre est situé dans la direction Nord-Sud géographique.
Sous nos latitudes, certaines étoiles ont deux culminations, une supérieure et une inférieure. Prenons par exemple l'étoile Dubhe de la constellation de la Grande Ourse; sa déclinaison vaut (en 2020) δ = + 61° 39′. À la latitude de Paris (ϕ = 48° 50′), c'est une étoile circumpolaire puisque sa déclinaison est supérieure à 90° – ϕ. Au cours d'une rotation sidérale de 23 h 56 m 04 s, elle passe donc deux fois au méridien du lieu :

- une première fois entre le pôle céleste Nord et le zénith du lieu (culmination supérieure); sa hauteur vaut alors (90° + ϕ – δ), soit 77° 11′. Son angle horaire et son azimut sont nuls.

- une deuxième fois entre le pôle céleste Nord et l'horizon Nord (culmination inférieure); sa hauteur vaut alors (ϕ + δ – 90°), soit 20° 29′. Son angle horaire et son azimut valent ± 180°.

Si la déclinaison de l'astre est égale à la latitude du lieu, il culmine alors au zénith.

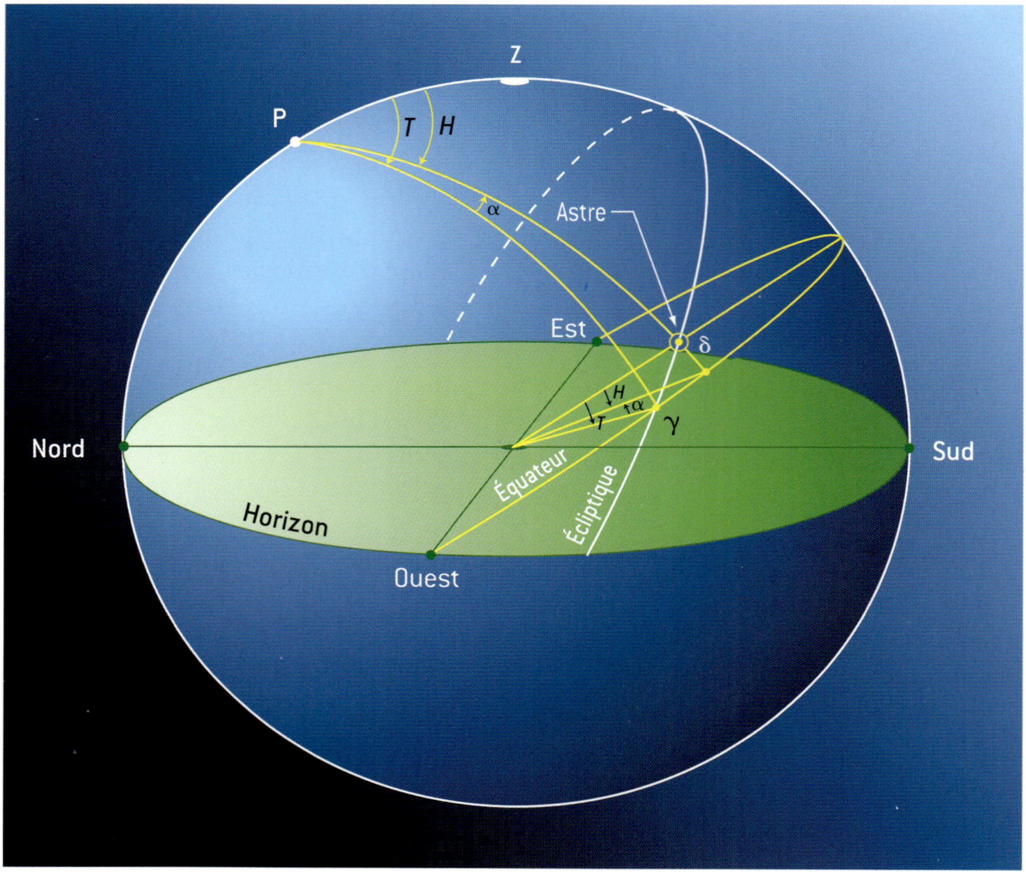

Fig. 12 **: Sphère céleste locale : position à un instant donné de l'écliptique et des coordonnées horaires.**

puisque l'angle horaire dépend du lieu où l'on se trouve : à un instant donné, le temps sidéral à Strasbourg par exemple n'est pas le même que celui de Brest, l'écart étant égal à la différence de longitude entre les deux lieux.

Il existe une relation très importante entre le temps sidéral, l'ascension droite d'un astre (quel qu'il soit), et l'angle horaire : on a $H = T - \alpha$.

On peut donc dire que l'angle horaire d'un astre est égal à la différence entre le temps sidéral à cet instant et son ascension droite.

En résumé, si l'on connaît les coordonnées d'un astre (déclinaison et ascension droite) ainsi que le temps sidéral, on peut le localiser sur la sphère céleste à n'importe quel instant (**fig. 12**).

Dans un observatoire astronomique, on trouve toujours deux horloges : une première indique le Temps Universel, et une seconde le temps sidéral local. Cette dernière indique 0 h lorsque le point vernal passe au méridien du lieu et fait un tour en 23 h 56 m 04 s. Pour pointer au télescope un astre dont on connaît les coordonnées équatoriales (déclinaison

▶ Inclinaison de l'écliptique sur l'horizon

L'inclinaison I de l'écliptique sur l'horizon à un instant donné est donnée par (voir Annexe) :

$$\cos I = \cos \varepsilon \sin \phi - \sin \varepsilon \cos \phi \sin T$$

ε étant l'obliquité de l'écliptique (23° 26′), ϕ la latitude du lieu et T le temps sidéral local. Au cours d'un jour sidéral (23 h 56 m 04 s), l'inclinaison de l'écliptique prend différentes valeurs; ainsi pour Paris (ϕ = 48° 50′), l'inclinaison varie de 17,73° pour T = 270° (18 h) à 64,6° pour T = 90° (6 h). Il peut être intéressant de savoir à quelles périodes de l'année l'écliptique prend une inclinaison maximale ou minimale lorsque le Soleil se couche ou se lève, car cela joue un rôle important dans la visibilité de certains astres comme la Lune ou Mercure. Cette dernière par exemple s'écarte peu angulairement du Soleil : 28° au maximum. Ce qui signifie que cette planète n'est visible que dans le crépuscule ou dans l'aurore. Or si Mercure est écartée de 28° à l'Est du Soleil, cela ne signifie pas pour autant qu'elle est bien visible le soir, car la planète restant proche de l'écliptique, il se peut que l'inclinaison soit faible, de sorte que Mercure soit peu observable.

À Paris (**fig. 13**), à l'équinoxe de printemps, au coucher du Soleil, l'écliptique est incliné de 64,6° ; au lever du Soleil, au contraire, l'écliptique est incliné de 17,73°. À l'équinoxe d'automne, c'est le contraire : au coucher du Soleil, l'écliptique est faiblement incliné sur l'horizon (17,3°) tandis qu'au lever l'écliptique fait un angle de 64°,6 avec l'horizon. On retiendra que de décembre à juin, l'écliptique est le plus incliné sur l'horizon Ouest le soir au coucher du Soleil, alors que le matin, l'écliptique est faiblement incliné. C'est le contraire pour la période de juin à décembre : l'écliptique est le plus incliné le matin sur l'horizon le matin vers l'Est.

On notera enfin qu'au cercle polaire arctique (ϕ = 66° 34′ = 90° – ε), l'inclinaison de l'écliptique est nulle lorsque le temps sidéral vaut 18 h. Ce qui signifie qu'écliptique et horizon coïncident.

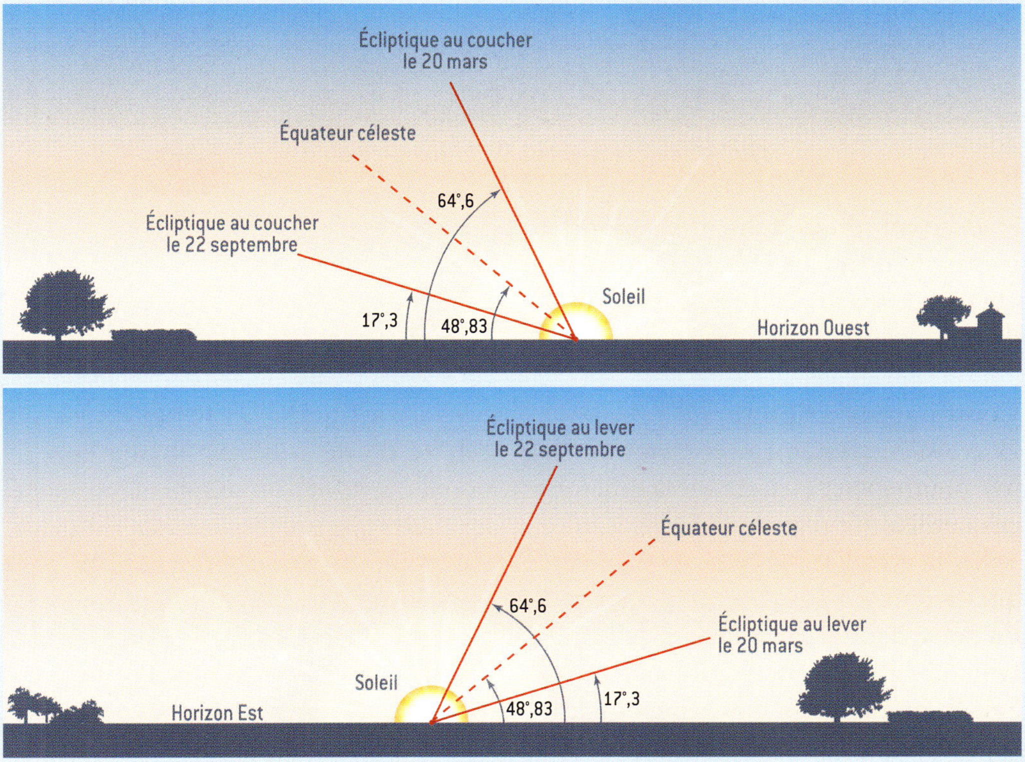

***Fig. 13** : Inclinaison de l'écliptique sur l'horizon au lever et au coucher du Soleil aux équinoxes à Paris.*

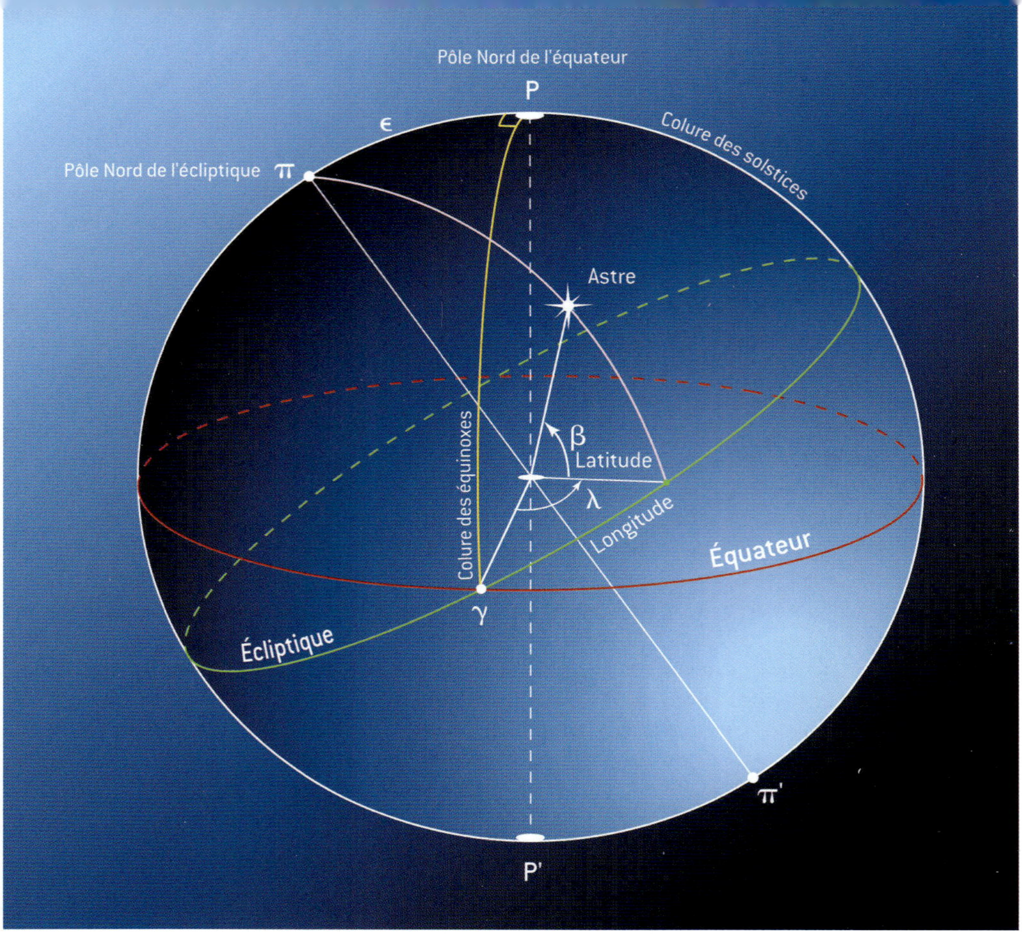

Fig. 14 : Coordonnées écliptiques d'un astre.

et ascension droite), on affiche sa déclinaison, puis son angle horaire que l'on a obtenu en soustrayant l'ascension droite du temps sidéral local.

Coordonnées écliptiques

Le troisième système utilisé en astronomie pour repérer un astre sur la sphère est celui utilisant le plan de l'écliptique, c'est-à-dire le grand cercle de la sphère céleste qui correspond à la trajectoire apparente du Soleil dans le ciel au cours de l'année (voir le chapitre sur le mouvement du Soleil). En raison du mouvement diurne, la position de l'écliptique change en permanence, à la différence de l'équateur et de l'horizon. Les coordonnées écliptiques sont la longitude et la latitude (à ne pas confondre avec la longitude et la latitude géographiques). De l'Antiquité et jusqu'au XVIIIe siècle, la plupart des catalogues d'étoiles donnent les coordonnées écliptiques : ayant la longitude céleste d'une étoile pour une époque donnée, il suffit de multiplier la constante annuelle de précession en longitude (environ 50″) par 100 par exemple pour obtenir ses coordonnées 100 ans plus tard (la latitude peut être considérée comme invariable). C'est donc un énorme avantage par rapport aux coordonnées équatoriales pour qui le changement d'époque demande des calculs plus complexes. D'ailleurs les anciens astronomes travaillaient presque exclusivement en coordonnées écliptiques, que ce soit pour les étoiles, les planètes ou le Soleil.

La longitude écliptique d'un astre (**fig. 14**, ci-contre) est sa distance angulaire au point vernal, comptée dans le plan de l'écliptique de 0° à 360° dans le sens direct (d'Ouest en Est).

La latitude écliptique d'un astre est sa distance angulaire à l'écliptique, comptée positivement de 0° à + 90° vers le Nord de l'écliptique, et de 0° à – 90° vers le Sud de l'écliptique.

L'axe perpendiculaire à l'écliptique coupe la sphère céleste en deux points, les pôles Nord et Sud de l'écliptique, selon qu'ils se trouvent dans l'hémisphère limité par l'écliptique et contenant le pôle céleste Nord ou dans celui contenant le pôle céleste Sud; ils sont situés (actuellement) à 23° 26′ des pôles célestes de l'équateur. Comme l'écliptique est mobile, les pôles rattachés le sont aussi : le pôle Nord de l'écliptique par exemple tourne autour du pôle céleste Nord en 23 h 56 m 04 s dans le sens inverse des aiguilles d'une montre. Le pôle Nord de l'écliptique est situé dans la constellation du Dragon tandis que le pôle Sud de l'écliptique est situé dans la constellation de la Dorade.

Le colure* des solstices est le grand cercle qui passe par les pôles de l'écliptique et par les pôles de l'équateur. Le colure des équinoxes (perpendiculaire au colure des solstices) est le grand cercle qui passe par les pôles de l'écliptique et le point vernal.

Il existe des relations trigonométriques permettant de passer des coordonnées écliptiques aux coordonnées équatoriales et aux coordonnées horizontales (voir Annexe).

Lois du mouvement diurne

On ne perdra jamais de vue que la sphère céleste est en réalité immobile. C'est la Terre qui tourne sur elle-même en 24 h environ, d'Ouest en Est. Les constellations défilent donc devant nous mais en fait, c'est la Terre qui tourne comme un manège au sein de son décor fixe.

Compte tenu de ce qui a été dit précédemment, on peut donc dire que :

- le mouvement diurne est un mouvement de rotation de la sphère des étoiles fixes autour de l'axe du monde ;
- le mouvement diurne est un mouvement apparent : la Terre tourne sur elle-même d'Ouest en Est, de sorte qu'un observateur situé face au Sud voit les astres se déplacer dans le sens contraire, d'Est en Ouest ;
- le mouvement diurne est uniforme et s'accomplit en 23 h 56 m 04 s. Supposons (**fig. 15**, page suivante) que le Soleil soit en conjonction avec une étoile au méridien (phénomène inobservable dans la réalité). Comme la Terre tourne sur elle-même, l'étoile et le Soleil sont entrainés vers l'Ouest ; mais pendant que la Terre tourne sur elle-même, elle tourne aussi autour du Soleil, de sorte que si l'étoile revient au méridien (donc dans la même direction) au bout de 23 h 56 m 04 s (jour sidéral), il faut attendre 3 m 56 s pour que le Soleil franchisse à nouveau le méridien (jour solaire de 24 h).

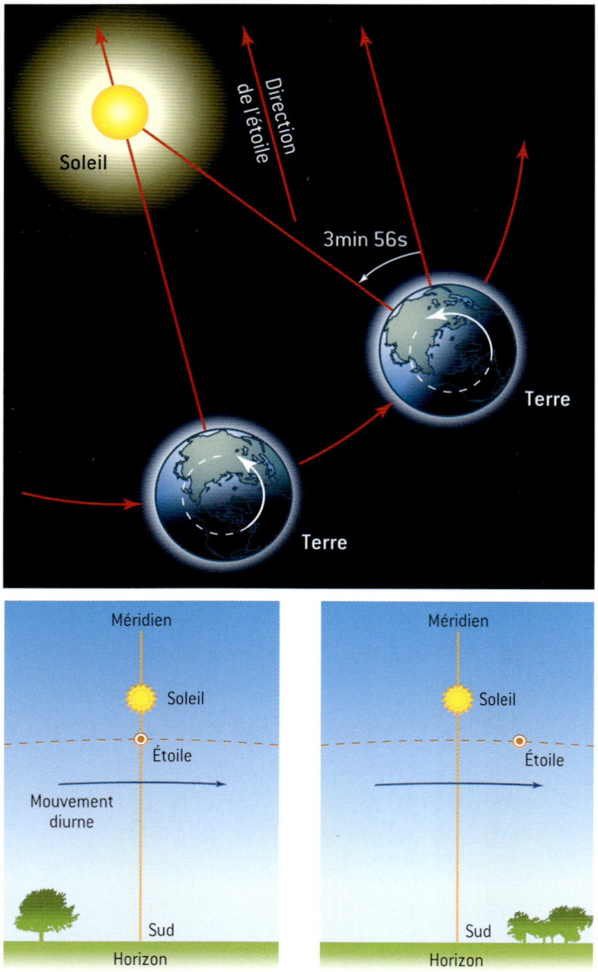

Un jour, à midi vrai. Le lendemain, à midi vrai.

***Fig. 15* : Différence entre temps solaire et temps sidéral.**

Proposée par Copernic en 1543, la rotation de la Terre sur elle-même a lentement été acceptée. Il existe plusieurs preuves physiques de ce mouvement ; citons la diminution de la pesanteur du pôle à l'équateur et la déviation des corps en chute vers l'Est. La preuve la plus connue, qui date du XIXe siècle, est le pendule de Léon Foucault (1819-1868). On savait depuis le XVIIe siècle qu'en raison de la rotation de la Terre sur elle-même, un objet tombant en chute libre devait avoir sa trajectoire légèrement déviée vers la droite (dans l'hémisphère Nord) en raison de l'accélération dite de Coriolis. Mais cette déviation est très faible et personne à l'époque n'était parvenu à l'observer. Le mérite de Foucault est d'avoir compris que la sphère d'un pendule se comporte comme un projectile lancé horizontalement et qui paraît dévier vers la droite à chaque oscillation.

Le pendule de Foucault est une sphère métallique suspendue par un fil à un support stable. Si on écarte le pendule de sa position d'équilibre dans un plan choisi et qu'on l'abandonne sans vitesse initiale, le pendule oscille. Si la Terre était immobile, le plan d'oscillation du pendule serait invariable par rapport aux repères voisins, puisque qu'aucune force ne sollicitant la masse (sauf la pesanteur), le plan serait au repos absolu. Or on constate que le plan d'oscillation du pendule tourne lentement dans le sens des aiguilles d'une montre (dans l'hémisphère Nord), ce qui est dû à la rotation de la Terre sur elle-même. Dans un soucis de simplification, imaginons que le pendule soit placé exactement au pôle Nord, donc sur l'axe de rotation de la Terre. À cet endroit précis, le sol tourne dans le sens inverse des aiguilles d'une montre autour de la verticale. Il entraîne donc les repères auxquels l'observateur rapporte la position du plan d'oscillation : si on lâche le pendule dans la direction d'une étoile, le pendule oscillera toujours dans la direction de l'étoile et fera donc un

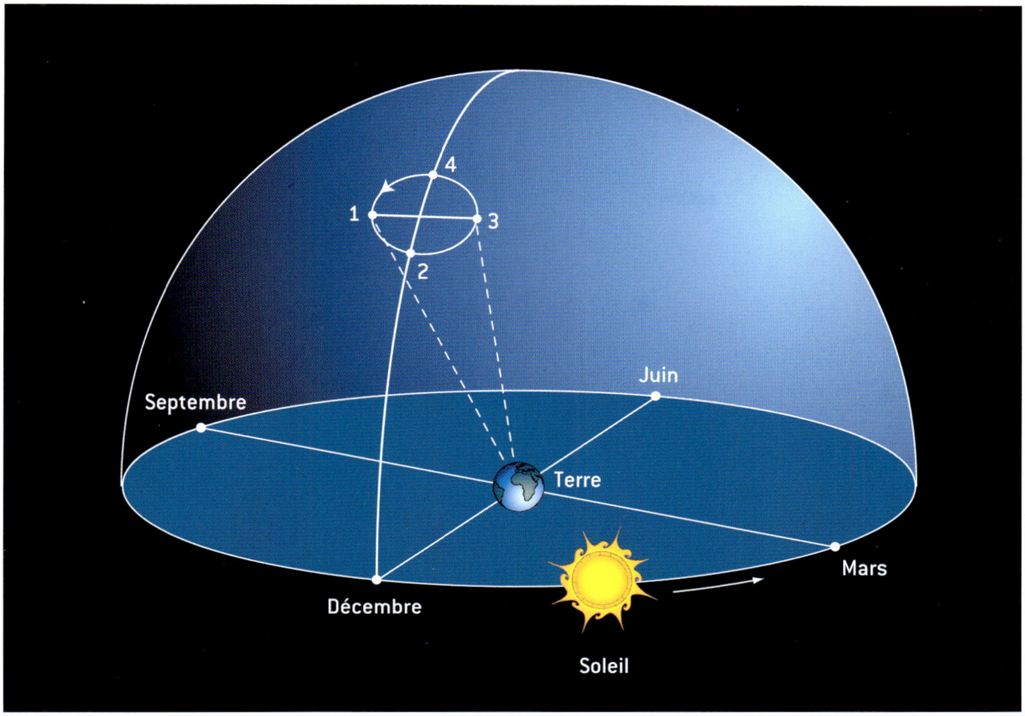

***Fig. 16** : Ellipse d'aberration d'une étoile sur la sphère céleste (vision géocentrique).*

tour complet en une rotation sidérale de 23 h 56 m 04 s.

À une latitude ϕ comprise entre l'équateur et le pôle, la théorie du pendule devient complexe; la période de rotation du pendule est égale à (23 h 56 m 04 s / sin ϕ); à Paris (ϕ = 48° 50′), le pendule effectue un tour complet en 31 h 48 m. À l'équateur même, le plan d'oscillation reste fixe par rapport aux repères voisins. C'est en 1851 que Léon Foucault fit en public sa célèbre expérience en installant un pendule de 67 m (avec une sphère de 28 kg) sous la coupole du Panthéon à Paris.

L'aberration stellaire

C'est au début du XVIIIe siècle que l'on eut la preuve physique que la Terre tournait autour du Soleil avec une découverte fondamentale en astronomie : l'aberration stellaire. En 1725, deux astronomes anglais, Samuel Molyneux (1689-1728) et James Bradley (1693-1762), observent près de Londres l'étoile gamma de la constellation du Dragon, qui passe au zénith de leur observatoire, ceci dans le but de déterminer sa parallaxe, autrement dit sa distance. Ils constatent avec surprise que l'étoile se déplace vers le Sud jusqu'en mars 1726 puis reprend son cheminement vers le Nord jusqu'en décembre 1726. L'écart entre les deux positions est considérable : près de 40″, soit 20″ d'écart de part et d'autre de la position moyenne. Par la suite, James Bradley poursuit seul ses observations sur près de 200 étoiles, et après une année complète de labeur, il publie en 1728

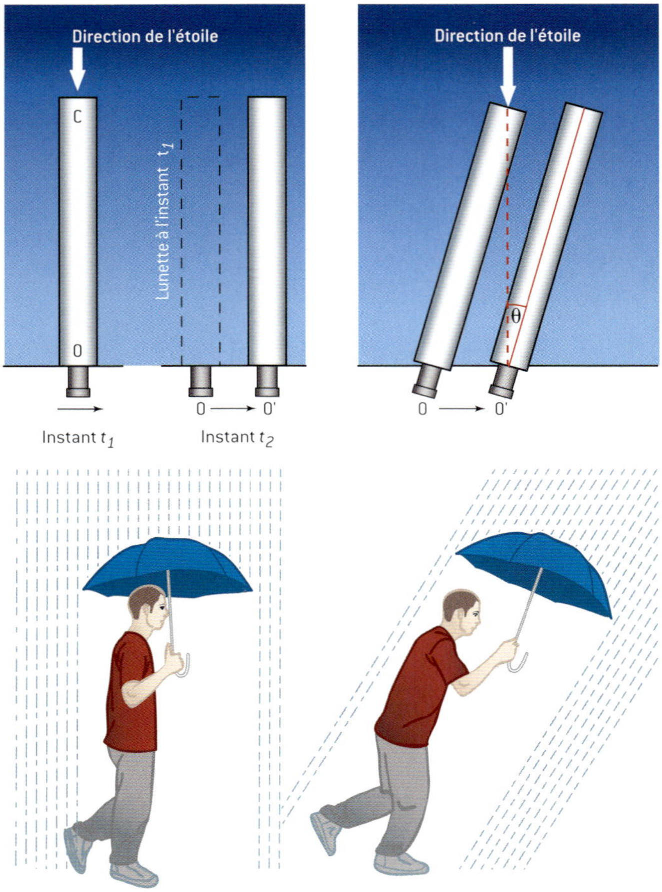

***Fig. 17** : Principe de l'aberration stellaire. La composition de vitesse de la Terre autour du Soleil et de la vitesse de la lumière provenant d'une étoile provoque un déplacement apparent de la position de l'étoile. Le principe est semblable à celui d'un homme marchant sous le pluie.*

ses conclusions dans un mémoire présenté à la *Royal Society* de Londres. Bradley interprète ce déplacement apparent des étoiles par la composition de la vitesse de la Terre sur son orbite et de la vitesse de la lumière (**fig.16**, page précédente).

Supposons (**fig. 17**) qu'un observateur *O* vise une étoile *E* dans une très grande lunette de longueur *OC* munie d'un réticule. *O* se déplace à une vitesse v constante; à l'instant t_1, la lumière de l'étoile *E* entre dans la lunette en *C* en se propageant à la vitesse *c* pendant le temps *t*.

Mais l'image de l'étoile n'est pas au rendez-vous car pendant le temps *t*, l'observateur *O* s'est déplacé en *O'* tel que *OO'* = *vt*. De sorte qu'à l'instant t_2, l'observateur ne voit pas l'étoile. Pour faire coïncider l'image de l'étoile avec la croisée des fils du réticule, il faut incliner légèrement la lunette d'un angle θ, non pas dans la direction vraie de l'étoile, mais dans la direction θ. On a alors :

$$\tan\theta = \frac{OO'}{O'C} = \frac{vt}{ct} = \frac{v}{c}$$

En adoptant comme vitesse de la Terre autour du Soleil la valeur de 29,8 km/s, et pour celle de la lumière 299 792,458 km/s, on obtient θ = 20,5″. Ce nombre est appelé constante d'aberration; c'est une quantité indépendante de la distance de l'étoile et bien supérieure à la parallaxe stellaire (angle sous lequel on verrait, depuis une étoile, le rayon de l'orbite terrestre), laquelle est toujours inférieure à 1″.

L'aberration est un fait similaire à une personne marchant sous la pluie : si la personne est immobile, la pluie semble tomber verticalement. Mais si la personne se met à courir, la pluie semble tomber en biais et la personne doit incliner son parapluie : c'est l'effet de l'addition de la vitesse de la personne et de celle de la chute de la pluie.

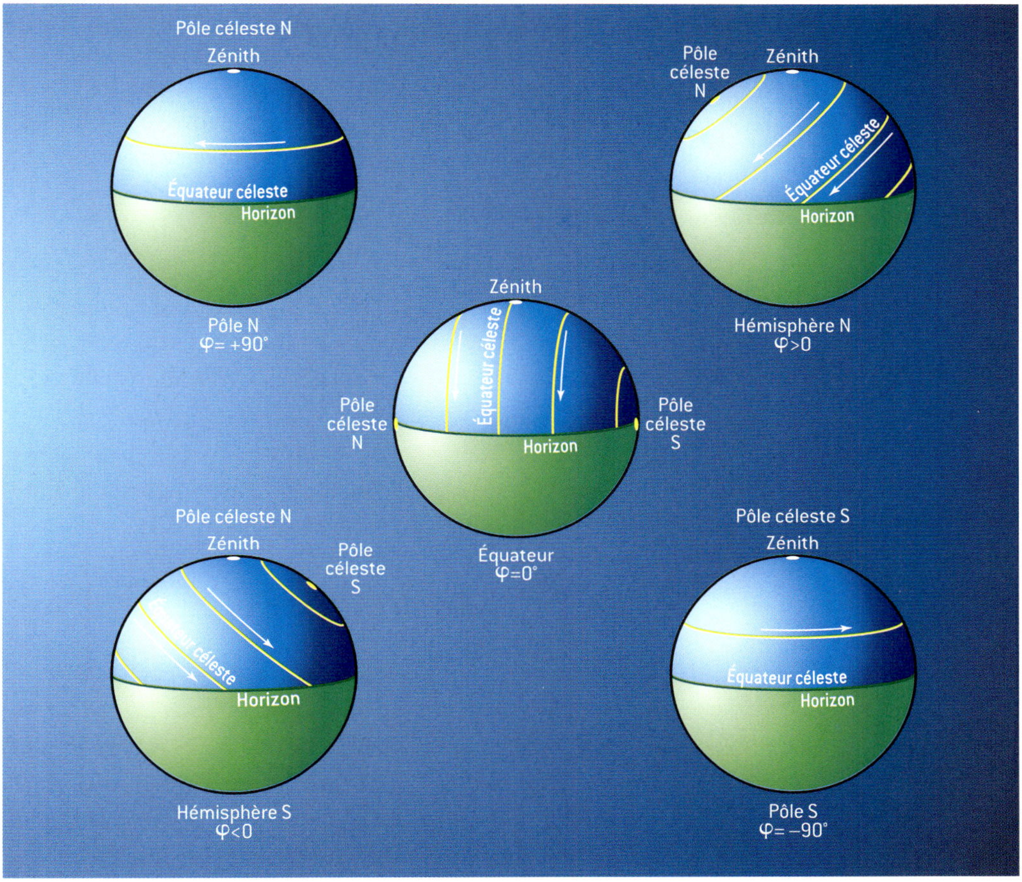

***Fig. 18** : Mouvement diurne des astres en fonction des latitudes.*

Le mouvement diurne à différentes latitudes (fig. 18)

• Pôle Nord terrestre (ϕ = **+ 90°**)
En ce lieu précis, l'équateur céleste est confondu avec l'horizon. Donc seuls les astres dont la déclinaison est positive sont visibles : ils décrivent dans le sens des aiguilles d'une montre des cercles parallèles à l'horizon. Ils ne se lèvent et ne se couchent jamais : ils sont tous circumpolaires. Chaque astre conserve une même hauteur au-dessus de l'horizon qui est d'ailleurs égale à sa déclinaison. L'étoile polaire reste très voisine du zénith; toutes les directions indiquent le Sud.

• Point quelconque de l'hémisphère Nord (ϕ > 0° et ϕ < 90°)
La hauteur du pôle Nord au-dessus de l'horizon est égale à la latitude ϕ du lieu. Un observateur regardant un astre situé sur l'équateur céleste doit faire face au Sud; il voit les astres se lever vers l'Est et se coucher vers l'Ouest. Les astres dont la déclinaison est supérieure à (90° – ϕ) ne se lèvent pas et ne se couchent pas : ils sont circumpolaires. Quant aux astres

> ### ▶ Coordonnées moyennes, vraies, apparentes
>
> Selon le repère auquel on les rattache, on parle de coordonnées moyennes, vraies ou apparentes. On a vu que les coordonnées équatoriales et écliptiques sont définies dans des repères (équateur ou écliptique) qui sont animés de mouvements, ce qui se traduit par un mouvement du point vernal.
> Si l'on tient compte seulement de la précession, on dit que les coordonnées sont moyennes.
> Si l'on tient compte, en plus de la précession, de la nutation, les coordonnées sont dites vraies.
> Enfin, on parle de coordonnées apparentes si, en plus des deux effets précités, on tient compte de l'aberration. Celle-ci est due au fait que la vitesse de la lumière n'étant pas finie, la position d'un astre diffère de sa position réelle.

dont la déclinaison est inférieure à (ϕ – 90°), ils sont invisibles en ce lieu.

• **Équateur terrestre** (ϕ = **0°**)
À cet endroit, l'équateur céleste passe exactement par le zénith; l'axe des pôles est couché sur l'horizon, l'étoile polaire étant à rechercher presque sur l'horizon vers le Nord. Les astres décrivent des cercles perpendiculaires à l'horizon, ce qui signifie que tous les astres se lèvent et se couchent.

• **Point quelconque de l'hémisphère Sud** (ϕ < **0°** et ϕ > – **90°**)
Le pôle céleste Nord est invisible car situé sous l'horizon; on voit donc vers le Sud le pôle céleste Sud (l'étoile σ de l'Octant, étoile polaire australe en est actuellement à un peu plus d'un degré). Un observateur regardant un astre situé sur l'équateur céleste doit faire face au Nord; il voit les astres se lever vers l'Est et se coucher vers l'Ouest.

• **Pôle Sud terrestre** (ϕ = – **90°**)
Comme au pôle Nord, l'équateur céleste est confondu avec l'horizon; mais seuls les astres dont la déclinaison est négative sont visibles. Le pôle Sud céleste est confondu avec le zénith; toutes les directions indiquent le Nord.

La réfraction astronomique

La présence de l'atmosphère terrestre modifie la direction sous laquelle les rayons lumineux des astres nous arrivent. D'une épaisseur d'environ 80 km, l'atmosphère n'est pas un milieu homogène, sa densité diminuant de plus en plus lorsque l'altitude augmente. Un rayon lumineux issu d'une étoile subit, avant de parvenir à l'œil, toute une série de réfractions (**fig. 19**) : le rayon lumineux

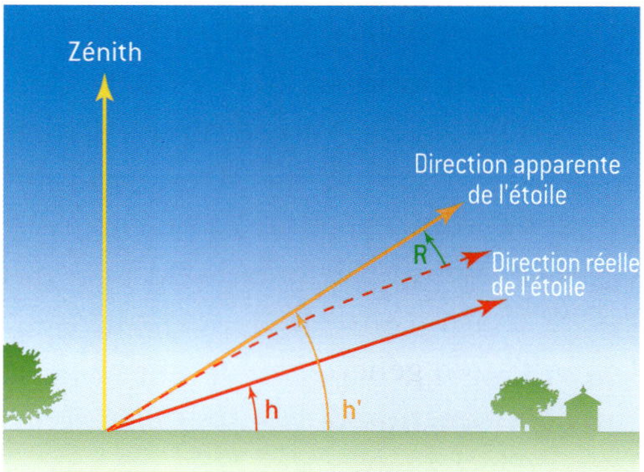

Fig. 19 *: Réfraction atmosphérique. La réfraction relève la hauteur d'un astre au-dessus de l'horizon.*

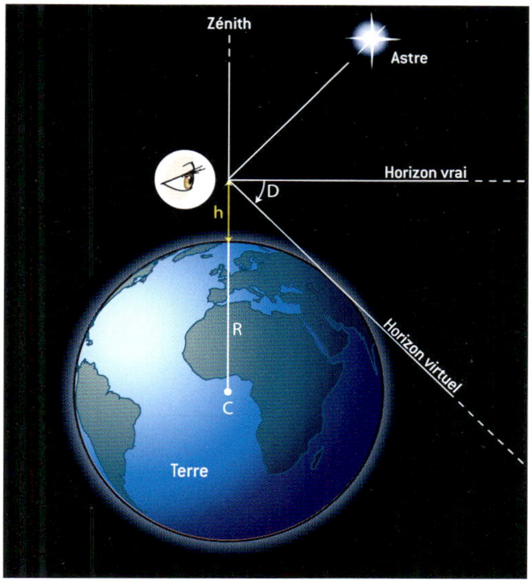

***Fig. 20** : Dépression de l'horizon. Un observateur situé à une hauteur h au dessus de l'horizon voit celui-ci abaissé.*

ne s'y propage pas en ligne droite; il s'incurve progressivement vers le sol. De sorte qu'un observateur, au lieu de voir un astre en A à sa hauteur réelle h, voit l'astre en A' à une hauteur plus grande *h'*. On appelle réfraction* astronomique l'angle R donné par : $R = h' - h$.

La réfraction relève les astres : il faut donc diminuer la hauteur observée *h'* pour obtenir la hauteur vraie *h*. La réfraction est nulle au zénith et maximale à l'horizon (notons que la réfraction ne modifie pas les azimuts). Lorsque la hauteur d'un astre est faible (10°), les corrections de réfractions sont incertaines, d'autant plus que la température et de la pression atmosphérique interviennent. On utilise en général des tables qui donnent la correction de réfraction en fonction de la hauteur (ou de son complément à 90° appelée distance zénithale). Si la hauteur de l'astre est supérieure à 30°, on peut considérer que la réfraction astronomique est proportionnelle à la cotangente de la hauteur (voisine de 1′ pour $h = 45°$). À l'horizon même, selon la théorie utilisée, on prend 34′; mais selon la température et la pression, la réfraction peut varier de 30′ à 40′. On comprend bien pourquoi donner l'instant de lever ou de coucher d'un astre avec une précision de la seconde de temps n'a aucun sens. La réfraction a pour conséquence d'avancer le lever des astres et de retarder leur coucher. Elle produit en outre un phénomène intéressant en déformant le disque solaire à l'horizon : le bord inférieur est plus relevé que le bord supérieur.

Les fluctuations rapides de la réfraction se traduisent par la *scintillation* : les rayons lumineux provenant d'une étoile ne restent pas parallèles entre eux parce que les couches successives de l'atmosphère terrestre ne les dévient pas de la même façon au même instant. Il s'ensuit que les étoiles scintillent plus par grand vent et que cette scintillation est très importante près de l'horizon. Quant aux planètes, elles peuvent aussi scintiller près de l'horizon, de sorte qu'utiliser ce critère pour différencier une étoile d'une planète n'est pas fiable.

La dépression de l'horizon

Lorsqu'on observe un astre au-dessus de l'horizon, celui-ci est à une certaine hauteur au-dessus du plan horizontal, ce qui provoque une *dépression de l'horizon**. En négligeant la réfraction (**fig. 20**), si *h* est la hauteur en mètres de l'œil au-dessus de l'horizon, la dépression *D*

▶ Les digressions de l'étoile polaire

L'étoile polaire (α *Ursae Minoris*) est située actuellement à 0° 39′ du pôle céleste Nord (en 2020). Cette étoile circumpolaire décrit donc autour du pôle céleste un petit cercle de rayon 0° 39′ en 23 h 56 m 04 s : pendant cet intervalle de temps, l'étoile peut passer au méridien supérieur (au-dessus du pôle) ou au méridien inférieur (en-dessous du pôle). Elle n'indique le Nord géographique qu'à ces deux instants : si on abaisse depuis l'étoile une perpendiculaire sur l'horizon, on trouve alors le Nord géographique. En dehors de ces instants, l'étoile polaire s'écarte du pôle : lorsque sur la sphère céleste, le triangle zénith-pôle-étoile est droit, on dit que l'étoile est à sa plus grande digression, qui peut être orientale ou occidentale (**fig. 21**). Si à cet instant on abaisse une droite pour trouver le Nord, on commet une erreur, car la projection au sol du rayon devient un azimut. On démontre que l'on alors : $\sin A = \pm \cos \delta / \cos \phi$, ϕ étant la latitude du lieu et δ la déclinaison de l'étoile (δ = + 89° 21′). Ainsi à Paris (ϕ = + 48° 50′), on a A = ± 0° 59′. Si la latitude est plus élevée, l'erreur augmente : par exemple pour ϕ = + 70°, on a A = ± 1° 54′.

Si maintenant on mesure la hauteur de l'étoile polaire au-dessus de l'horizon pour déterminer la latitude du lieu, il ne faut jamais oublier de corriger le résultat de la distance angulaire de l'étoile au pôle, surtout si on opère au passage au méridien : si l'on fait la mesure à Paris (ϕ = + 48° 50′), on peut trouver une latitude de 49° 29′ ou 48° 11′.

À l'époque de Christophe Colomb, l'étoile polaire était située à 3° 27′ du pôle céleste Nord. À la latitude de Paris, l'erreur en azimut pouvait atteindre ± 5° 15′ lors des digressions.

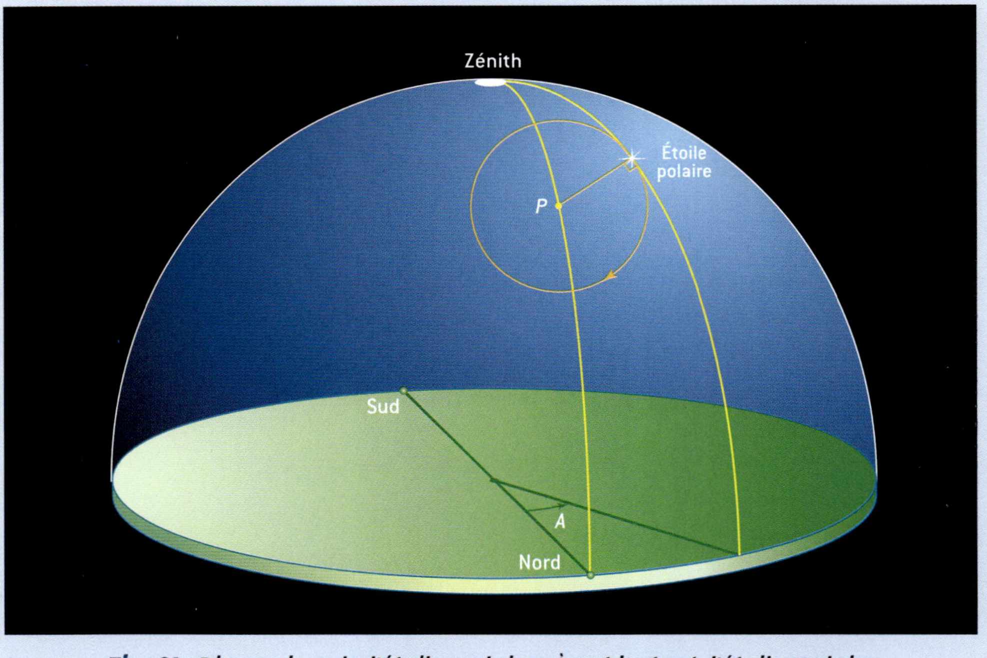

***Fig. 21** : Digression de l'étoile polaire. À cet instant, l'étoile polaire a son azimut le plus grand possible.*

(c'est-à-dire l'angle que fait avec l'horizon vrai l'œil, le rayon visuel tangent à la surface de la mer) s'obtient par : $D = 0°{,}03217\sqrt{h}$. Depuis cette altitude h, le rayon de visibilité (en km) s'étend à la distance $3{,}57\sqrt{h}$. Par exemple

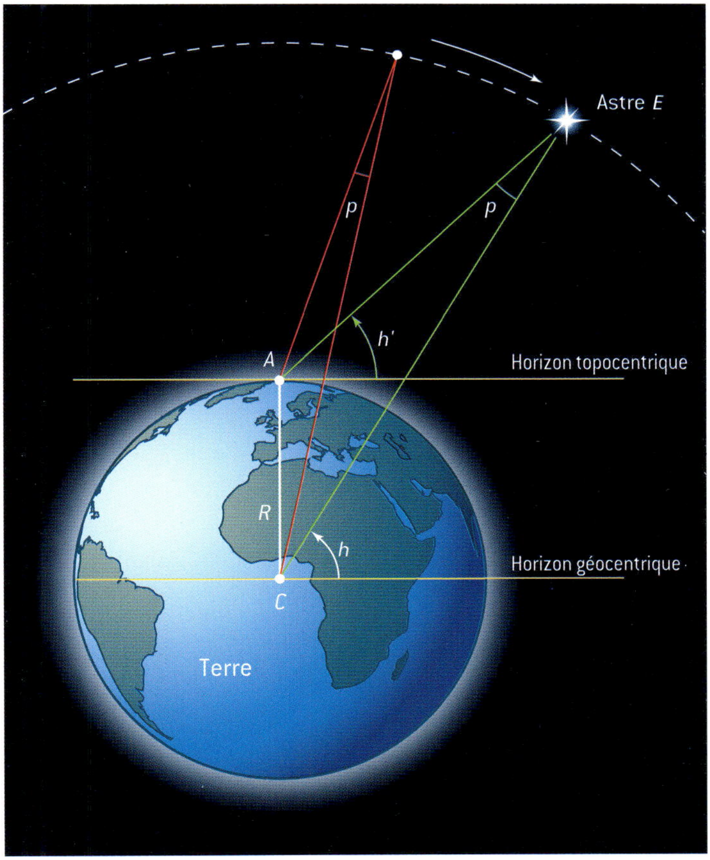

Fig. 22 : *Parallaxe diurne d'un astre. En raison du mouvement diurne, la parallaxe d'un astre augmente lorsqu'il se rapproche de l'horizon.*

depuis une falaise de 300 mètres de haut, on a D = 0° 33′ 26″ et le rayon de visibilité s'étend à 61,8 km. En fait la réfraction augmente légèrement la visibilité.

La dépression de l'horizon, comme la réfraction, relève les astres à l'horizon.

La parallaxe diurne

Soient (**fig. 22**) C le centre de la Terre supposée sphérique de rayon R, A un lieu d'observation situé à sa surface et E un astre du système solaire. On appelle *parallaxe* diurne* l'angle *p* sous lequel, du centre de l'astre, on voit le rayon de la Terre qui aboutit au lieu d'observation A (la parallaxe diurne des étoiles est insensible). Il est facile de voir que pour un observateur *géocentrique*, la hauteur *h* d'un astre est plus grande que pour un observateur situé à la surface de la Terre (observateur *topocentrique**).

L'adjectif *diurne* signifie que cette parallaxe change en fonction de l'angle horaire de l'astre observé : elle ne dépend que de sa hauteur au-dessus de l'horizon. La parallaxe diurne est nulle au zénith et maximale à l'horizon.

La parallaxe horizontale équatoriale est l'angle sous lequel, du centre de l'astre, on voit le rayon équatorial de la Terre. Cet angle, qui dépend de la distance de l'astre à la Terre, vaut en moyenne 8,8″ pour le Soleil et 0° 57′ pour la Lune.

L'effet de parallaxe, contrairement à la réfraction, abaisse les astres; elle retarde donc le lever des astres et avance leur coucher. Mais ceci n'est sensible que pour la Lune.

Chapitre 2

Le Soleil et le mouvement de révolution

Si le mouvement diurne est facile à observer, il n'en est pas de même pour le mouvement de révolution de la Terre autour du Soleil. La difficulté tient au fait que l'on observe le Soleil et les autres astres depuis un corps en mouvement. Qui plus est, ce corps tourne sur lui-même et son axe de rotation se déplace très lentement. Démêler cet écheveau a donc pris du temps aux astronomes et c'est encore Copernic qui, le premier, a correctement interprété les apparences trompeuses.

Le mouvement apparent du Soleil

L'observation montre que le Soleil se lève vers l'Est, culmine au Sud lors de son passage au méridien puis se couche vers l'Ouest. On sait également que le Soleil monte très haut à midi dans le ciel en été et culmine très bas en hiver. Si l'on pouvait voir, comme dans un planétarium, le Soleil et les étoiles en même temps, on constaterait au cours d'une journée de 24 h que le Soleil est non seulement entraîné d'Est en Ouest par le mouvement de rotation de la Terre sur elle-même (mouvement diurne), mais qu'en plus il se déplace sur le fond des étoiles vers l'Est d'environ 1° chaque jour. Ce déplacement traduit le mouvement de révolution de la Terre autour du Soleil.

Le centre du Soleil décrit en un an un grand cercle sur la sphère céleste appelé écliptique (**fig. 1**, page suivante) ; celui-ci est parcouru dans le sens direct, c'est-à-dire vers l'Est, et de façon non uniforme.

L'écliptique est incliné sur l'équateur céleste de 23° 26′ actuellement : c'est l'obliquité de l'écliptique*. Les deux points d'intersection entre l'écliptique et l'équateur sont appelés nœuds ; on distingue le nœud ascendant, aussi appelé point gamma (noté γ) ou encore

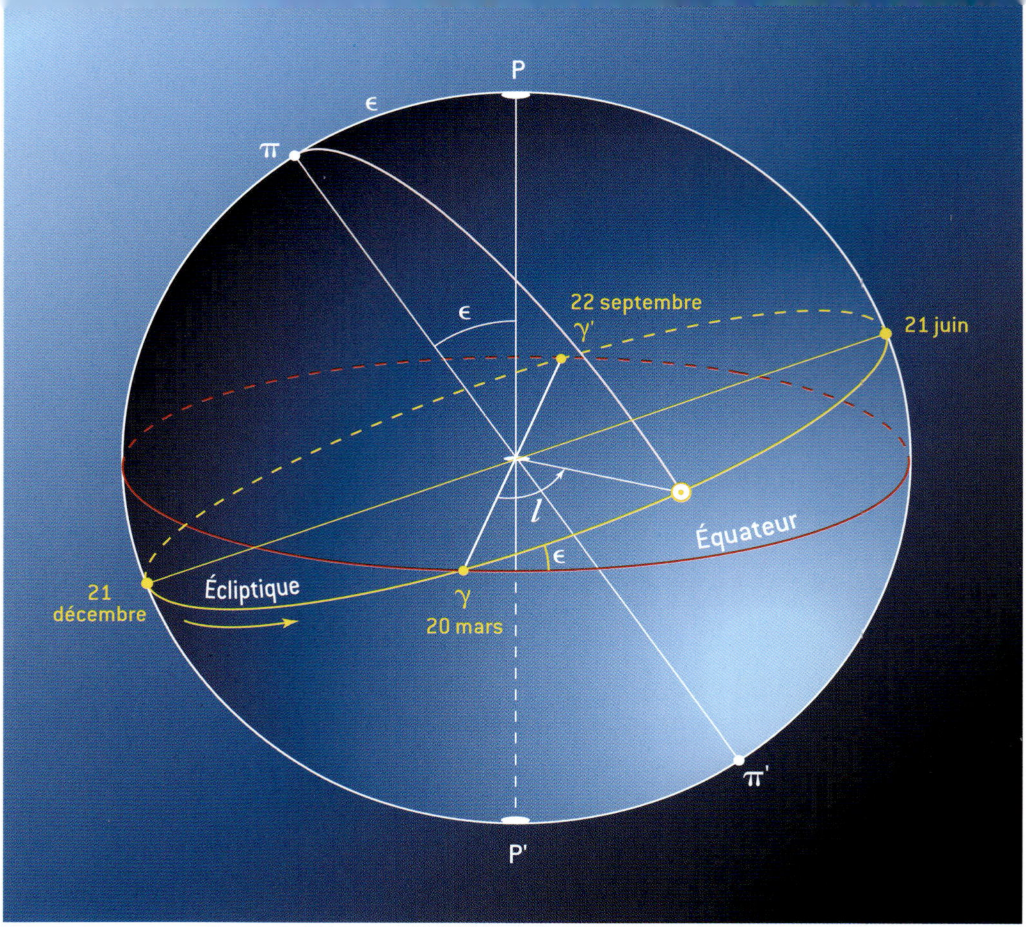

***Fig. 1** : La sphère céleste et le mouvement du Soleil sur l'écliptique.*

point vernal, où le Soleil passe de l'hémisphère austral à l'hémisphère boréal (ce qui a lieu le 20 mars à l'équinoxe de printemps) et le nœud descendant où le Soleil passe de l'hémisphère boréal à l'hémisphère austral (ce qui a lieu le 22 septembre à l'équinoxe d'automne). Le point gamma est l'origine en astronomie des longitudes célestes (comptées sur l'écliptique) et des ascensions droites (comptées sur l'équateur).

De la même façon que l'on a un pôle céleste Nord (et Sud), on a un pôle Nord (et un pôle Sud) de l'écliptique. Les pôles de l'écliptique sont pratiquement fixes dans le ciel, à la différence des pôles célestes qui sont affectés par le mouvement de précession. L'angle entre les pôles de l'écliptique et de l'équateur est l'obliquité de l'écliptique ; cette quantité varie lentement au cours du temps, d'un peu moins de 1′ par siècle.

La longitude céleste du Soleil, notée *l*, est l'angle, compté sur l'écliptique depuis le point gamma dans le sens direct, entre ce dernier et le Soleil. C'est une quantité toujours croissante : elle vaut 0° le 20 mars, 90° au solstice d'été du 21 juin, 180° le 22 septembre à l'équinoxe d'automne et 270° le 21 décembre au solstice d'hiver.

On appelle zodiaque* une bande de 8° 30′ de part et d'autre de l'écliptique (la valeur de 8° 30′ correspond

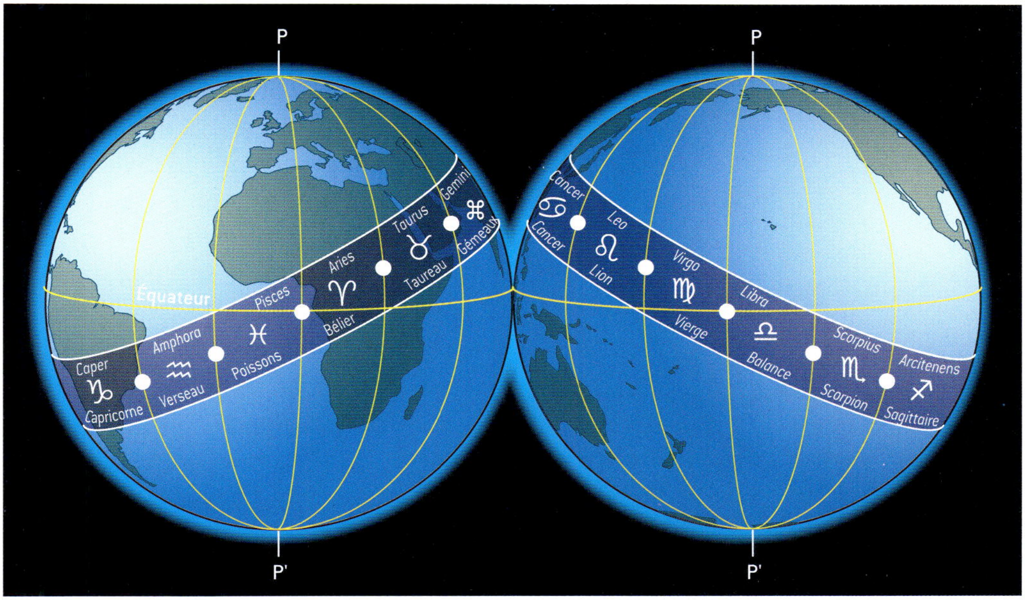

***Fig. 2** : Les douze signes du zodiaque de 30° de longitude chacun.*

sensiblement à la latitude écliptique maximale de Vénus) (**fig. 2**) ; c'est dans le zodiaque que se déplacent la Lune et les planètes. Les douze signes du zodiaque sont : le Bélier, le Taureau, les Gémeaux, le Cancer, le Lion, la Vierge, la Balance, le Scorpion, le Sagittaire, le Capricorne, le Verseau et les Poissons. Il convient de distinguer les signes du zodiaque des constellations du zodiaque : les signes sont un découpage arbitraire de 12 tranches de l'écliptique, de 30° de longitude chacun. Les 13 constellations zodiacales, telles qu'elles ont été définies en 1930 par l'Union Astronomique Internationale, ont des limites inégales qui ne coïncident pas avec les signes. Pour la période actuelle, le Soleil entre dans les constellations zodiacales aux dates suivantes (il peut y avoir une différence d'un jour certaines années) : 20 janvier : Capricorne ; 17 février : Verseau ; 12 mars : Poissons ; 19 avril : Bélier ; 14 mai : Taureau ; 21 juin : Gémeaux ; 20 juillet : Cancer ; 10 août : Lion ; 17 septembre : Vierge ; 31 octobre : Balance ; 23 novembre : Scorpion ; 30 novembre : Ophiuchus ; 18 décembre : Sagittaire.

L'orbite terrestre

Il y a en fait deux façons de considérer l'écliptique : pour un observateur géocentrique, c'est la trajectoire apparente du Soleil dans le ciel au cours de l'année. Pour un observateur hypothétique, placé très haut au-dessus du système solaire, l'écliptique est le plan de révolution de la Terre autour du Soleil. Plaçons nous dans ce dernier cas (**fig. 3**, page suivante). On constate alors que la Terre décrit autour du Soleil une ellipse

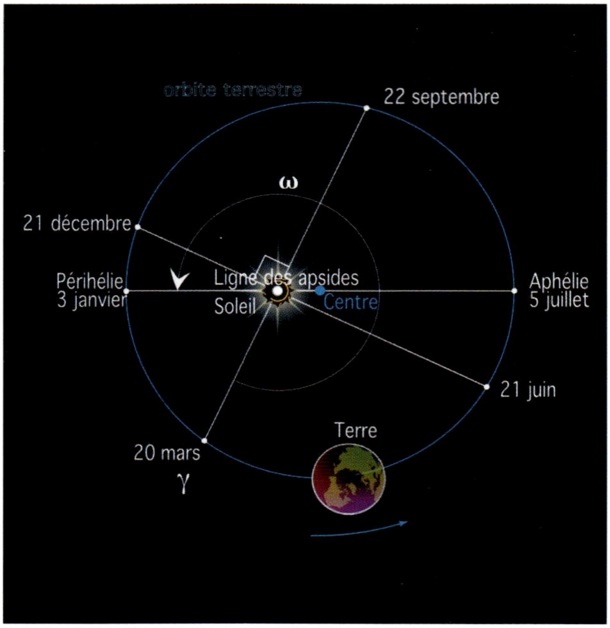

***Fig. 3** : Éléments de l'orbite terrestre.*

très faiblement aplatie dont le Soleil occupe l'un des foyers. Le point de l'orbite le plus proche du Soleil s'appelle le périhélie* (la Terre y passe vers le 3 janvier) tandis que le point le plus éloigné s'appelle l'aphélie* (la Terre y passe vers le 5 juillet). La droite qui joint périhélie et aphélie et qui passe par le Soleil s'appelle ligne des apsides* : c'est aussi le grand axe de l'ellipse.

Le demi-grand axe de l'orbite terrestre, noté a, vaut 149 597 870,7 km, aussi appelé unité astronomique (bien que la définition rigoureuse de la mécanique céleste soit différente). Au périhélie, la distance Terre-Soleil vaut environ 147 103 000 km et à l'aphélie 152 100 000 km. L'excentricité e de l'orbite terrestre est faible : elle vaut sensiblement 1 / 60, soit $e \approx 0{,}017$.

Rappelons que l'excentricité e est définie par $e = \frac{c}{a}$, c étant la distance du foyer de l'ellipse à son centre. Quant au demi-petit axe b de l'ellipse, on l'obtient par $b = a\sqrt{1 - e^2}$. L'aplatissement f de l'orbite s'obtient par $f = \frac{a-b}{a}$; il est pratiquement voisin d'un cercle. Si l'on voulait représenter l'orbite terrestre sur très grande feuille de papier, en prenant un demi-grand axe de 100 cm, le demi-petit axe mesurerait 99,98 cm. Quant au Soleil, il serait situé à 1,7 cm du centre de l'ellipse.

L'orientation de l'orbite dans l'espace est définie si l'on connaît la position de la ligne des apsides ; la longitude du périhélie de la Terre notée ω, comptée depuis le point gamma, vaut 283° 17′ pour le début de l'année 2020.

Quant au temps que met la Terre à parcourir son orbite par rapport à un point fixe comme une étoile, il est de 365 jours 6 h 9 m 10 s : c'est l'année sidérale*.

En fait, hormis le demi-grand axe et la valeur de l'année sidérale que l'on peut considérer comme constants, toutes les autres valeurs varient dans le temps, en raison notamment des perturbations qu'exercent les autres planètes sur la Terre. L'excentricité, dont la valeur pour l'an 2000 est 0,0167, diminue de 0,000042 par siècle. La longitude du périhélie augmente chaque année d'environ 61,9″ : cette quantité comprend le mouvement de rétrogradation du point gamma dû à la précession (50,3″) ainsi que la part due aux perturbations planétaires (11,6″). Actuellement, le périhélie de la Terre va à la rencontre du point gamma ; il fait le tour complet de l'écliptique en près de 21 000 ans.

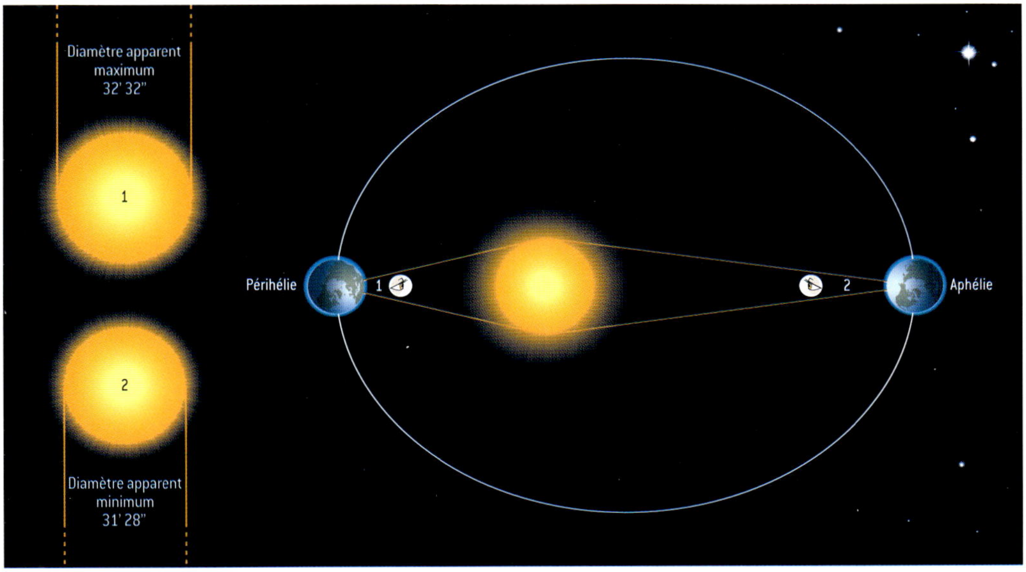

Fig. 4 : *Variation du diamètre apparent du Soleil en fonction de la distance Terre-Soleil.*

Enfin, l'obliquité de l'axe de rotation de la Terre n'est pas fixe elle non plus ; elle diminue d'environ 47″ par siècle. L'inclinaison de l'axe était maximale vers l'an – 7530 : elle valait 24° 14′. Vers l'an 12030, l'obliquité vaudra 22° 37′.

Distance, parallaxe et diamètre

En première approximation, le Soleil est une étoile de 1 400 000 km de diamètre ; vu depuis la Terre, soit environ 150 000 000 km, le Soleil nous apparaît comme un disque de 32′ de diamètre apparent. En réalité, le diamètre apparent du Soleil est variable puisque la distance Terre-Soleil varie : le diamètre apparent est maximum lorsque la Terre est au périhélie (3 janvier) et vaut 32′ 32″; le diamètre apparent est minimum lorsque la Terre est à l'aphélie (5 juillet) et vaut 31′ 28″ (**fig.** 4).

La parallaxe du Soleil p est l'angle sous lequel on voit, depuis le centre du Soleil, le rayon équatorial de la Terre (**fig.** 5). La valeur adoptée aujourd'hui est 8,794″. Si l'on connaît la parallaxe, on en déduit immédiatement la distance : en appelant R le rayon de la Terre et ρ la distance Terre-Soleil, on a en effet : $\sin p = R/\rho$. La parallaxe varie également au cours de l'année : elle est plus importante lorsque la Terre est au périhélie (8,96″) et moins importante lorsque la Terre est à l'aphélie (8,65″).

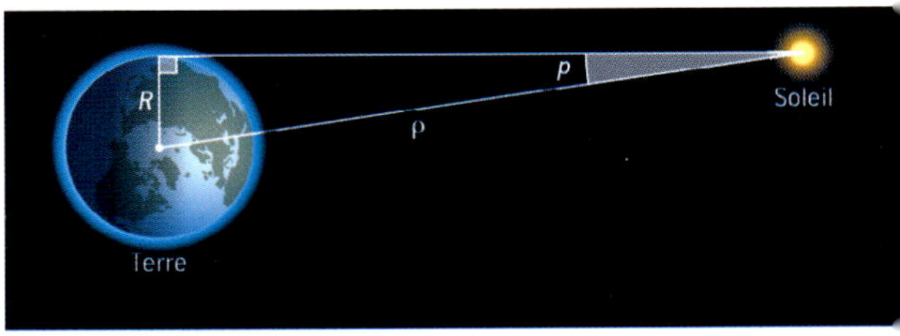

Fig. 5 : *Définition de la parallaxe solaire.*

▶ Calcul de la distance Terre-Soleil

On ne possède d'Aristarque de Samos (310-230 av. J.-C) qu'un seul ouvrage *Des dimensions et des distances du Soleil et de la Lune*. Pour déterminer la distance Terre-Soleil, Aristarque utilise la Lune à son premier quartier. À cet instant, on a un triangle rectangle (voir **fig. 6**). Pour connaître la distance Terre-Soleil, il faut évidemment connaître la distance Terre-Lune, mais aussi l'angle noté α sur la figure. Aristarque attribue à cet angle une valeur de 87°, d'où il conclut, à l'aide de considérations géométriques, que le Soleil est situé 19 fois plus loin de la Terre que la Lune. En réalité, l'angle α vaut sensiblement 89° 50′, ce qui entraîne une erreur considérable sur la distance : le Soleil est environ 390 fois plus loin que la Lune. En utilisant la trigonométrie, on obtient immédiatement que $TL = TS \cos \alpha$, d'où $TS = TL / \cos \alpha$; si l'on pose que la distance Terre-Lune vaut 1, on vérifie bien que selon la valeur donnée à α, la distance Terre-Soleil varie dans des proportions considérables.

Comment Aristarque a-t-il obtenu un angle de 87° ? On ne le saura peut-être jamais. Car la détermination exacte de l'instant de la quadrature (instant où le triangle Soleil-Lune-Terre vaut 90°) était presque impossible à l'époque, et faute d'instruments assez précis, la mesure de l'angle α était hors de portée.

Cette distance Terre-Soleil, très sous-estimée, sera utilisée jusqu'au XVIIe siècle où l'on réussira, à partir de la mesure de la parallaxe de Mars et de la troisième loi de Kepler, à déterminer ce qui deviendra bien plus tard l'unité astronomique.

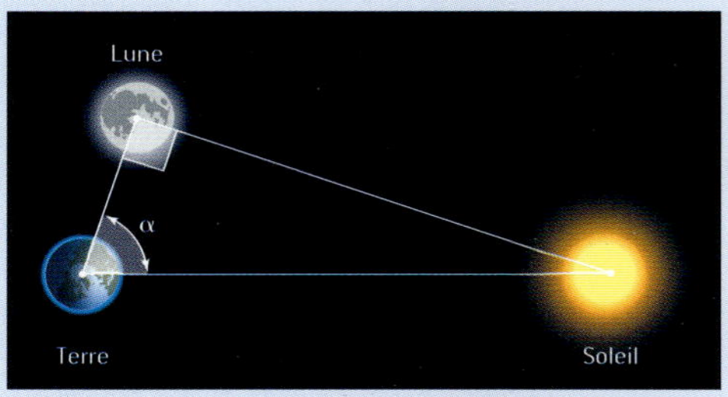

Fig. 6 : Principe de la mesure de la distance Terre-Soleil par Aristarque de Samos (IIIe siècle av. J.-C.).

Mouvement en longitude du Soleil

Dès l'Antiquité, on a reconnu que le Soleil ne se déplaçait pas de façon uniforme sur l'écliptique au cours de l'année. Plaçons-nous dans le cas d'un observateur géocentrique, en imaginant que le Soleil tourne autour de la Terre. D'après les lois de Kepler (voir le chapitre « Planètes »), le Soleil se déplace plus vite au périgée* et moins vite à l'apogée. Imaginons un Soleil fictif tournant autour de la Terre en décrivant un cercle à vitesse constante ; le Soleil vrai ne se déplaçant pas à vitesse uniforme, il va tantôt aller plus vite et tantôt moins vite que le Soleil fictif (**fig.** 7). Si *l* désigne la

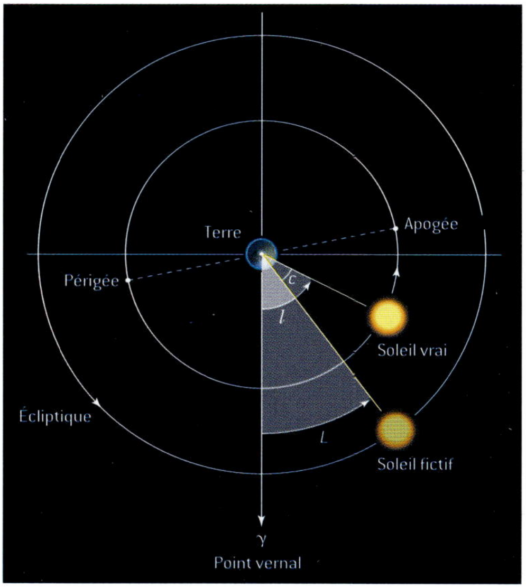

Fig. 7 : Équation du centre : différence entre longitude vraie et longitude moyenne.

longitude écliptique du Soleil vrai et L la longitude du Soleil fictif, on a $l - L = c$. Cette quantité c porte le nom d'équation du centre* : c'est la principale inégalité du mouvement du Soleil. L'équation du centre est nulle au périgée et à l'apogée ; elle vaut au maximum + 1° 55′ début avril et – 1° 55′ début octobre.

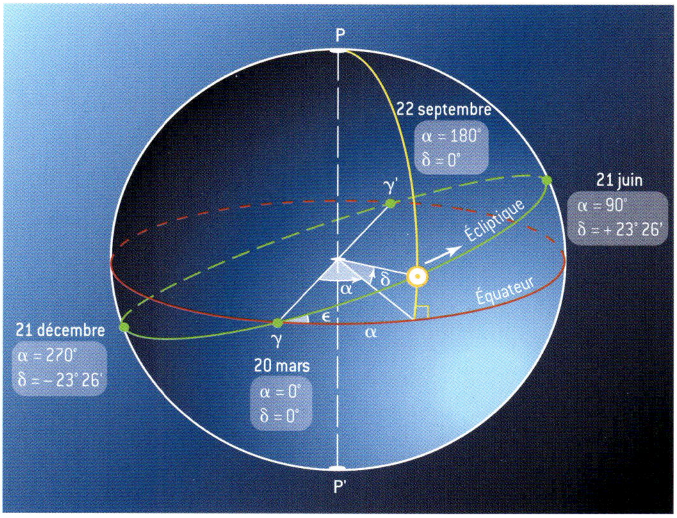

Fig. 8 : *Ascension droite et déclinaison du Soleil au cours de l'année.*

Mouvement du Soleil en ascension droite et en déclinaison

Alors que la longitude du Soleil est comptée sur l'écliptique (la latitude écliptique du Soleil étant négligeable), l'ascension droite α est comptée sur l'équateur. Il existe une relation simple entre la longitude et l'ascension droite : $\tan \alpha = \cos \varepsilon \tan l$, ε étant l'obliquité de l'écliptique (**fig. 8**). L'ascension droite est souvent comptée en heures, minutes, secondes, de 0 h à 24 h. Cette quantité ne croît pas de façon uniforme, d'une part parce qu'elle résulte de la projection de la longitude écliptique du Soleil sur l'équateur, et d'autre part parce que cette dernière est aussi affectée d'une inégalité.

Quant à la déclinaison δ, c'est la distance angulaire du Soleil à l'équateur ; il existe là encore une relation entre la longitude et la déclinaison : $\sin \delta = \sin \varepsilon \sin l$. La déclinaison du Soleil est nulle deux fois par an, aux équinoxes (le Soleil franchit alors l'équateur céleste) ; elle vaut au maximum + 23° 26′ le 21 juin au solstice d'été et – 23° 26′ le 21 décembre au solstice d'hiver. Si la déclinaison est positive, le Soleil est au Nord de l'équateur ; si elle est négative, le Soleil est au Sud de l'équateur. C'est aux équinoxes que la déclinaison varie le plus vite : 1′ par heure.

Le tableau ci-dessous résume les valeurs de la longitude, de l'ascension droite et de la déclinaison du Soleil pour des époques remarquables de l'année.

Inégalité des jours et des nuits

L'inégalité des jours et des nuits résulte de l'inclinaison de l'axe de rotation de la

	Équinoxe de printemps	Solstice d'été	Équinoxe d'automne	Solstice d'hiver
Longitude	0°	90°	180°	270°
Ascension droite	0 h	6 h	12 h	18 h
Déclinaison	0°	+ 23° 26′	0°	– 23° 26′

▶ Mouvement du Soleil chez Ptolémée

On savait dans l'Antiquité déterminer les instants des équinoxes et des solstices, notamment à l'aide du gnomon. Rapidement, les astronomes constatèrent que les saisons avaient des durées inégales : le printemps et l'été étaient plus longs que l'automne et l'hiver. Ils en conclurent donc que le Soleil tournait autour de la Terre à vitesse non uniforme, et imaginèrent un modèle géométrique rendant compte de l'observation. Voici par exemple le modèle qu'a développé l'astronome grec Ptolémée au IIe siècle de notre ère dans son ouvrage l'*Almageste* : soient (**fig. 9**) P le périgée, A l'apogée, C le centre du déférent, c'est-à-dire le cercle que décrit le Soleil en un an. La Terre n'occupe pas le centre mais est légèrement excentrée sur la ligne des apsides. L'angle M, appelé anomalie moyenne, croît uniformément ; mais pour l'observateur géocentrique, le Soleil ne se déplace pas à vitesse uniforme : depuis le Soleil, on voit la distance CT — l'excentricité — sous un angle c qui est l'équation du centre. Ptolémée pouvait ainsi calculer la longitude du Soleil, puisqu'il avait déterminé en plus la longitude de l'apogée et la direction du point vernal.

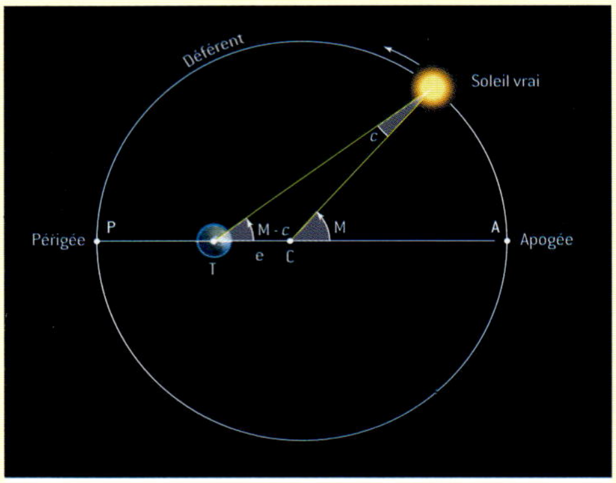

***Fig. 9** : Principe du mouvement du Soleil autour de la Terre chez Ptolémée.*

Terre. On entend ici par "jour" l'intervalle de temps qui sépare le lever et le coucher du Soleil en un lieu. Si l'on considère par exemple le mouvement apparent du Soleil dans le ciel à quelques jours d'intervalle, on constate qu'il ne monte pas à la même hauteur d'un jour à l'autre. Le Soleil, entraîné par le mouvement diurne, décrit chaque jour dans le ciel un arc parallèle de longueur différente. Par exemple en France (**fig. 10**) au printemps, le Soleil parcourt le trajet I ; quelques jours plus tard, le Soleil parcourt le trajet II : la journée II sera plus longue que la journée I.

C'est aux équinoxes (20 mars et 22 septembre) que la durée du jour égale la durée de la nuit, soit 12 h (en négligeant la réfraction). Pendant le printemps et l'été en France, la durée du jour est supérieure à celle de la nuit. La durée maximale du jour a lieu le jour du

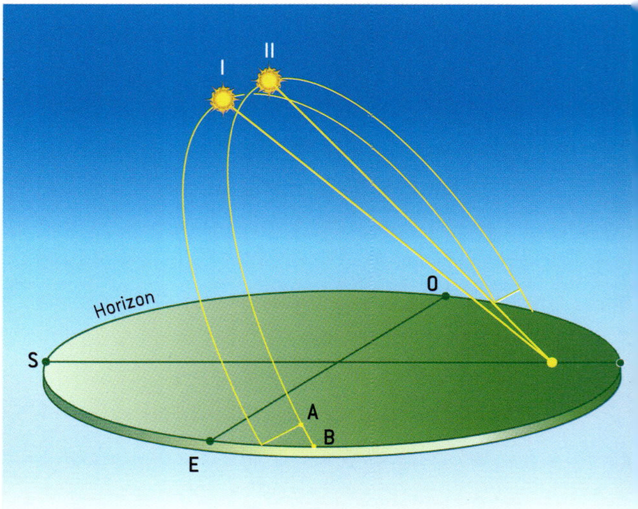

***Fig. 10** : Inégalité des jours et des nuits. L'arc diurne décrit par le Soleil en **II** est plus grand que l'arc décrit en **I**.*

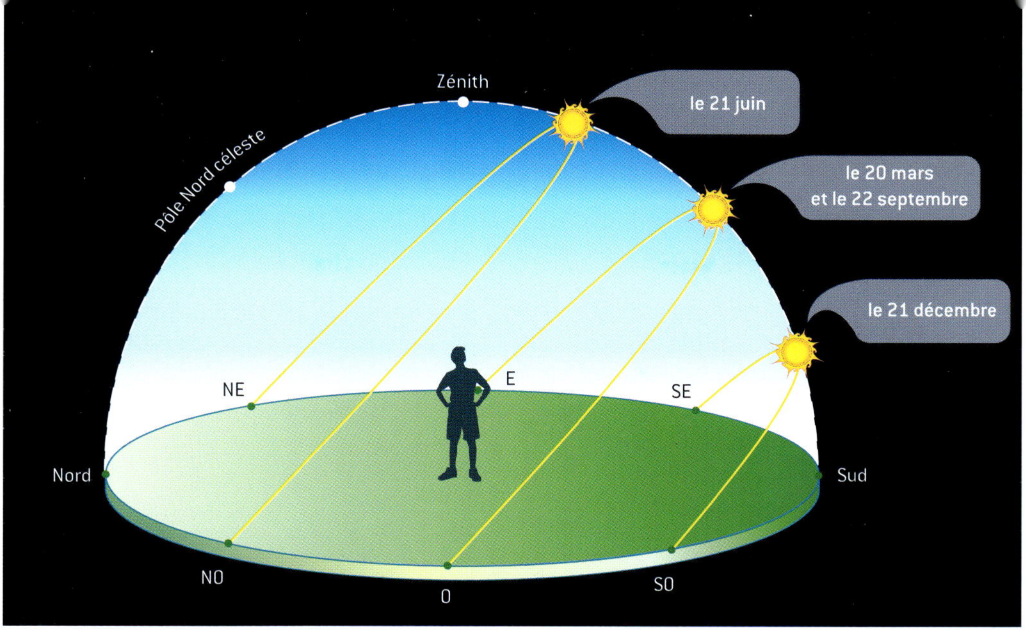

***Fig. 11** : Trajectoire diurne et culmination du Soleil aux solstices et aux équinoxes.*

solstice d'été (21 juin) tandis que le jour le plus court tombe le 21 décembre (solstice d'hiver). En automne et en hiver, la nuit est plus longue que le jour (**fig. 11**).

C'est donc la variation de la déclinaison du Soleil qui est responsable de cette variation de la durée du jour et des nuits. À Paris (ϕ = 48° 50′), la durée du jour est de 15 h 58 m le 21 juin (δ = + 23° 26′) et de 8 h 02 m le 21 décembre (δ = – 23° 26′). En réalité, la réfraction allonge la durée du jour de quelques minutes.

La variation de la déclinaison entraîne également une variation de l'azimut du Soleil lors du lever et du coucher au cours de l'année. Aux équinoxes, le Soleil se lève à l'Est et se couche à l'Ouest. Au solstice d'été du 21 juin, il se lève dans la partie Nord-Est et se couche dans la partie Nord-Ouest de l'horizon. Au solstice d'hiver du 21 décembre, il se lève dans la partie Sud-Est et se couche dans la partie Sud-Ouest (**fig. 12**). Tout ceci reste valable dans l'hémisphère Sud.

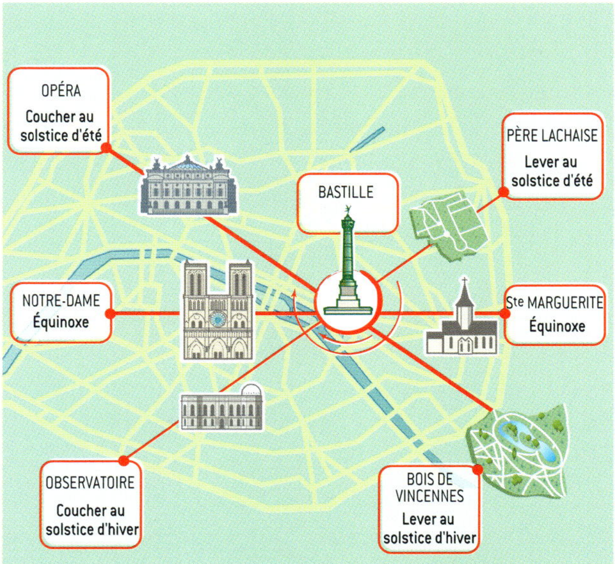

***Fig. 12** : Azimut du Soleil au lever et au coucher depuis la place de la Bastille à Paris.*

▶ Calcul de la durée du jour et hauteur du Soleil à midi

En un lieu de latitude ϕ, la durée du jour est égale à $(2H_0)/15$, avec $\cos H_0 = -\tan\phi \tan\delta$, δ étant la déclinaison du Soleil. Par exemple si $\phi = 48°$ et $\delta = +20°$, on a $H_0 = 113{,}843°$, d'où une durée du jour de 15 h 11 m. Il s'agit là d'un calcul rapporté au centre du Soleil où l'on ne tient pas compte de la réfraction.
Si maintenant on tient compte de la réfraction à l'horizon (0° 34′) et que l'on considère le bord supérieur du Soleil (demi-diamètre = 0° 16′), on a :

$$\cos H_0 = \frac{\sin(-0°\,50') - \sin\phi \sin\delta}{\cos\phi \cos\delta}$$

En reprenant les valeurs précédentes, on obtient $H_0 = 115{,}3°$, d'où une durée du jour de 15 h 22 m.
La hauteur méridienne du Soleil s'obtient par : $h = 90° - \phi + \delta$. À la latitude de Paris ($\phi = 48°\,50'$), la hauteur du Soleil à midi solaire le 21 juin (solstice d'été : $\delta = +23°\,26'$) est de 64° 36′. Aux équinoxes ($\delta = 0°$), cette hauteur vaut 41° 10′. Au solstice d'hiver le 21 décembre ($\delta = -23°\,26'$), elle vaut 17° 44′. Entre le solstice d'hiver et le solstice d'été, la hauteur varie donc de 46° 52′, c'est-à-dire le double de l'obliquité de l'écliptique.

Mouvement du Soleil à différentes latitudes

a) À l'équateur ($\phi = 0°$), le jour et la nuit sont égaux toute l'année et durent 12 h (en négligeant la réfraction), le Soleil se levant vers 6 h et se couchant vers 18 h en toute saison. Le Soleil passe au zénith de l'équateur deux fois par an, aux équinoxes, lorsque sa déclinaison est nulle. Du 20 mars au 22 septembre, le Soleil culmine au Nord à midi, et du 22 septembre au 20 mars, le Soleil culmine au Sud à midi.

b) Dans les zones intertropicales, c'est-à-dire dans les zones comprises entre les tropiques du Cancer ($\phi = +23°\,26'$) et du Capricorne ($\phi = -23°\,26'$), le Soleil passe au zénith à midi deux fois par an, lorsque sa déclinaison est égale à la latitude du lieu. À Dakar par exemple ($\phi = +14°\,40'$), le Soleil passe au zénith le 30 avril et le 13 août. Le 21 juin, le Soleil est au zénith du tropique du Cancer, et le 21 décembre au zénith du tropique du Capricorne. L'inégalité des jours et des nuits reste toujours très faible dans les zones tropicales : aux tropiques mêmes, le jour le plus long ne s'écarte qu'à peine d'une heure trente de la durée du jour à l'équateur.

c) Dans les zones polaires, c'est-à-dire dans les zones dont la latitude est supérieure en valeur absolue à 66° 34′, le Soleil peut devenir circumpolaire : il est en permanence au-dessus de l'horizon. Aux latitudes ± 66° 34′ (cercles polaires arctiques et antarctiques), le Soleil est circumpolaire un jour par an : le 21 juin pour $\phi = +66°\,34'$, et le 21 décembre pour $\phi = -66°\,34'$. Ces jours là, le Soleil ne se couche pas à minuit et tangente l'horizon au Nord ou au Sud suivant l'hémisphère.

Le jour du solstice d'été, toute la calotte située au Nord du parallèle (90° – 23° 26′), soit + 66° 34′, est illuminée par le Soleil. Au pôle Nord même ($\phi = +90°$), le Soleil est circumpolaire du 20 mars au 22 septembre ; il émerge

▶ Calcul de l'azimut du Soleil au lever et au coucher

L'angle A entre le Sud géographique et l'endroit où le Soleil se lève (ou se couche), autrement dit son azimut, est donné par :

$$\cos A = -\sin \delta / \cos \phi$$

δ étant la déclinaison du Soleil et ϕ la latitude du lieu. On affecte à A le signe – pour l'azimut au lever et le signe + pour l'azimut au coucher. Par exemple à Paris (ϕ = 48° 50′), on a au solstice d'été du 21 juin (δ = + 23° 26′) : A = + 127° 10′ au coucher (et – 127° 10′ au lever). Au solstice d'hiver du 21 décembre (δ = – 23° 26′) : A = + 52° 50′ au coucher. On vérifie bien qu'aux équinoxes (δ = 0°) : A = 90° au coucher (– 90° au lever). Dans certains ouvrages, on appelle amplitude ortive l'azimut de l'astre qui se lève compté depuis le point Est, et amplitude occase l'azimut de l'astre qui se couche compté depuis le point Ouest (**fig. 13**).

En réalité, l'azimut au lever n'est symétrique de celui du coucher qu'aux solstices, lorsque la déclinaison du Soleil ne varie pas. Aux équinoxes, la déclinaison varie de 1′ par heure, ce qui est considérable : imaginons que l'équinoxe de printemps tombe exactement à 6 h UT, lorsque le Soleil se lève à Paris (on néglige la réfraction) ; l'azimut au lever vaut donc exactement – 90° (point cardinal Est) puisque δ = 0° 0′. Mais 12 heures plus tard, vers le coucher, la déclinaison aura varié de + 12′ : elle vaudra donc 0° 12′. L'azimut au coucher sera donc égal à + 90° 18′ : le Soleil se couchera donc légèrement au Nord-Ouest.

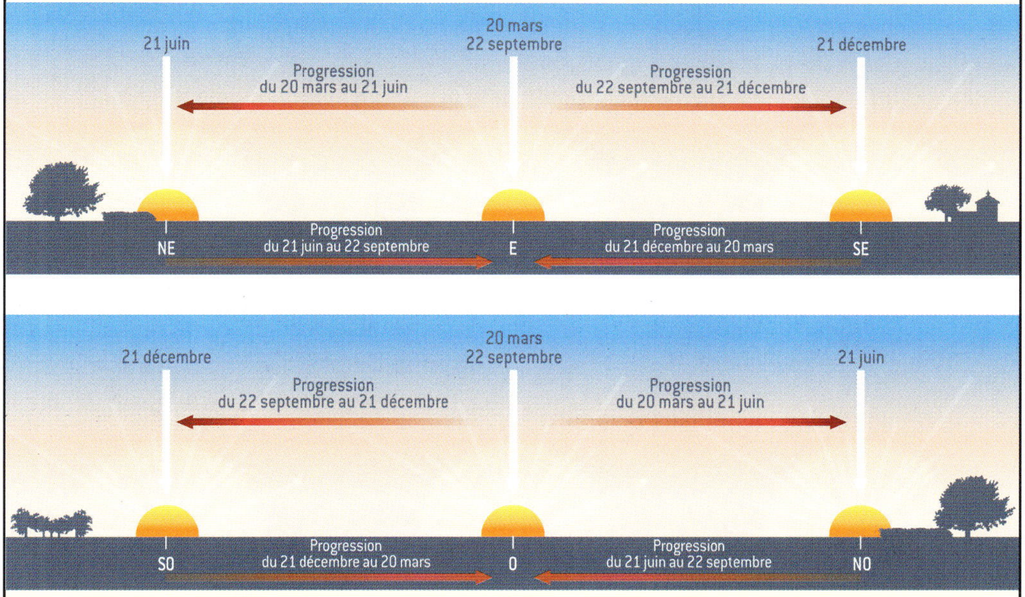

***Fig. 13** : Déplacement en azimut du Soleil au lever et au coucher sur les horizons Est et Ouest.*

de l'horizon le 20 mars puis parcourt chaque jour une sorte de spirale, ascendante du 20 mars au 21 juin puis descendante après ; il culmine le 21 juin à 23° 26′ de hauteur. Le jour polaire dure donc un peu plus de six mois (189 jours) ; quant à la nuit polaire, qui dure en théorie 176 jours, outre le fait que le crépuscule dure très longtemps (tant que le Soleil n'atteint pas 18° sous

▶ Durée de lever du diamètre solaire

On calcule la durée de lever (ou de coucher) du diamètre solaire de la façon suivante (en négligeant la réfraction) :

$$dh = \frac{0° 32'}{\sqrt{\cos(\phi - \delta)\cos(\phi + \delta)}}$$

La durée en heure = dh /15. Par exemple en prenant ϕ = + 48° et δ = + 23° 26′, on obtient dh = 0,99123, d'où 3 m 58 s. La formule n'est pas applicable au voisinage des pôles ; aux pôles mêmes, le diamètre solaire met 32 heures environ à émerger de l'horizon lors des équinoxes.

l'horizon), la réfraction joue ici un rôle important, en avançant l'apparition du Soleil et en retardant sa disparition.

Au pôle Sud (ϕ = – 90°), on observe les mêmes phénomènes, décalés de six mois (le jour théorique dure 179 jours et la nuit théorique 186 jours). On notera que s'il fait jour au pôle Nord, c'est la nuit au pôle Sud.

D'un point de vue général, le Soleil ne se couche pas (ou ne se lève pas) lorsque la somme (ou la différence) algébrique de sa déclinaison et de la latitude du lieu est au moins égale à 90° en valeur absolue.

Crépuscules

Chacun sait qu'il ne fait pas nuit sitôt que le Soleil disparaît à l'horizon ; il règne une lueur diffuse qui disparaît lentement : c'est le crépuscule (de même que l'aube précède le lever du Soleil). La partie supérieure de l'atmosphère diffuse la lumière solaire qui l'illumine encore, tandis que le sol est plongé dans l'ombre (**fig. 14**).

On distingue trois types de crépuscules : le crépuscule civil, qui finit lorsque le Soleil atteint une hauteur de 6° sous l'horizon ; le crépuscule nautique, qui finit lorsque le Soleil atteint une hauteur de 12° sous l'horizon. Et enfin le crépuscule astronomique qui finit lorsque le Soleil atteint 18° sous l'horizon : il fait alors complètement nuit. Les crépuscules les plus longs coïncident avec le solstice d'été du 21 juin dans l'hémisphère Nord, tandis que les crépuscules les plus cours s'observent aux alentours des équinoxes (à Paris vers le 2 mars et le 10 octobre).

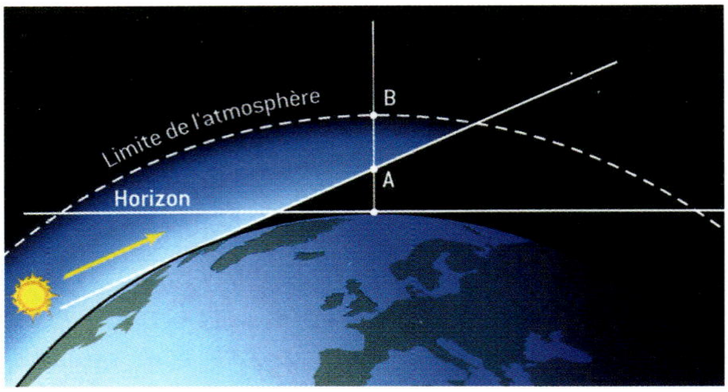

***Fig. 14** : Principe du crépuscule (et de l'aube). La partie AB de l'atmosphère terrestre diffuse la lumière solaire qui l'illumine encore alors que le sol est déjà plongé dans l'ombre.*

Au pôle Nord, le crépuscule astronomique dure tant que le Soleil ne s'est pas abaissé à plus de 18° sous l'horizon, ce qui se produit du 13 novembre au 29 janvier. Il s'ensuit qu'au lieu de six mois, la nuit polaire ne dure que onze ou douze semaines. Les localités situées à des hautes latitudes (comme Saint-Pétersbourg) profitent de longs crépuscules et

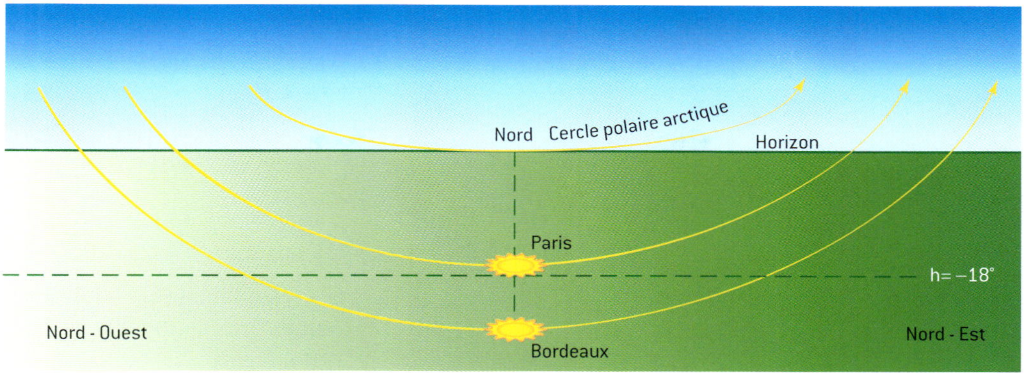

***Fig. 15** : Trajectoire du Soleil sous l'horizon Nord au solstice d'été du 21 juin à différentes latitudes.*

jouissent d'une luminosité qui se poursuit toute la nuit avec son maximum en juin (**fig. 15**).

Le Soleil ne s'abaisse pas de 18° au-dessous de l'horizon lorsque la somme algébrique de sa déclinaison et de la latitude du lieu est au moins égale à 72° en valeur absolue. Sous nos latitudes, il ne fait pas toujours nuit au-delà de la latitude 48° 34′ à certaines époques de l'année. À Paris par exemple, la nuit n'est jamais complète du 13 au 30 juin. Le reste de l'année, le crépuscule astronomique dure près de 2 h mais peut atteindre plus de 3 h en juin et juillet.

Dans les régions équatoriales et tropicales, les crépuscules sont très courts, de sorte que la nuit tombe brutalement : le Soleil se déplace pratiquement verticalement au moment du lever et du coucher par rapport à l'horizon.

Les saisons

Les quatre saisons de l'année sont les intervalles de temps qui séparent les passages successifs du Soleil aux équinoxes et aux solstices (**fig. 16**). Le printemps va de l'équinoxe du 20 mars jusqu'au solstice du 21 juin. L'été va du solstice du 21 juin à l'équinoxe d'automne du 22 septembre. L'automne va de l'équinoxe du 22 septembre au solstice du 21 décembre. L'hiver va du solstice du 21 décembre jusqu'à l'équinoxe du 20 mars.

Les saisons ont des durées inégales parce que le mouvement du Soleil sur l'écliptique n'est pas uniforme : la Terre se déplace autour du Soleil plus vite au

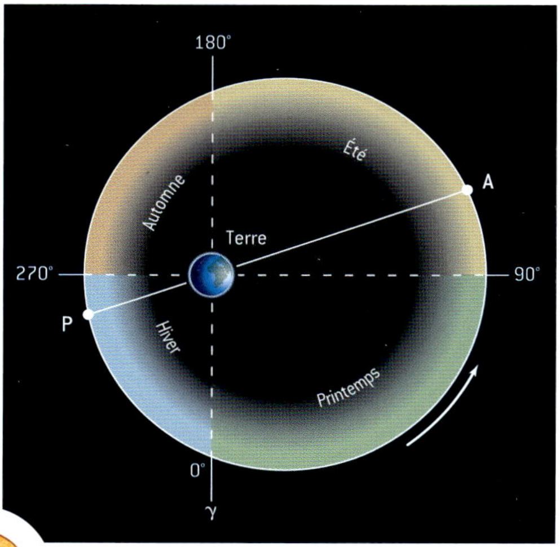

***Fig. 16** : Inégalité des saisons.*

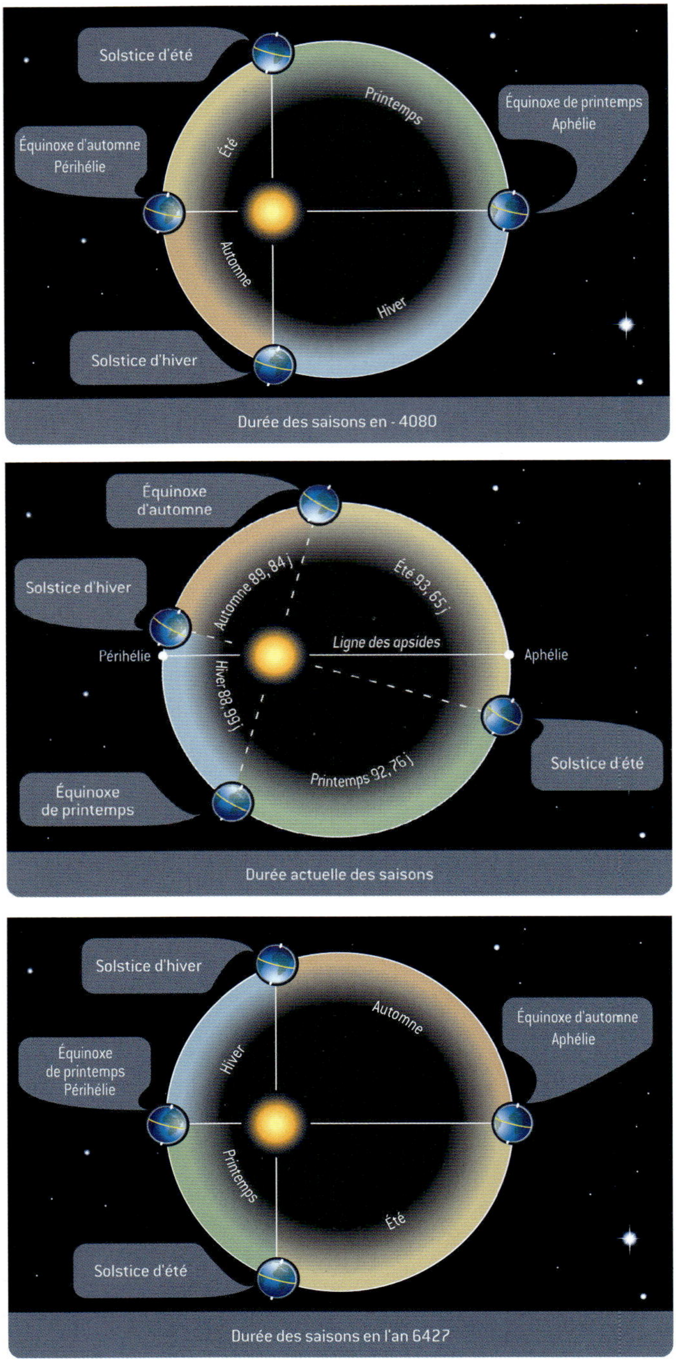

***Fig. 17** : Durée des saisons en l'an – 4080, à l'époque actuelle, en l'an + 6427.*

périhélie au mois de janvier et moins vite à l'aphélie au mois de juillet. Actuellement, l'hiver est la saison la plus courte et l'été la saison la plus longue :

Printemps	: 92,76 jours
Été	: 93,65 jours
Automne	: 89,84 jours
Hiver	: 88,99 jours

Le Soleil reste donc près de 8 jours de plus dans l'hémisphère Nord que dans l'hémisphère Sud.

La durée des saisons n'est pas constante en raison du mouvement de la ligne des apsides par rapport au point vernal et en raison de la lente variation de l'excentricité de l'orbite terrestre.

Vers l'an – 4080, le périhélie de la Terre coïncidait avec l'équinoxe d'automne (**fig. 17**). En 1246, le périhélie de la Terre coïncidait avec le solstice d'hiver. En l'an 6427, la Terre sera au périhélie lors de l'équinoxe de printemps.

Durée des saisons en – 3000 :

Printemps	: 94,04 jours
Été	: 89,92 jours
Automne	: 88,61 jours
Hiver	: 92,67 jours

Durée des saisons en + 4000 :

Printemps	: 91,17 jours
Été	: 93,93 jours
Automne	: 91,40 jours
Hiver	: 88,73 jours

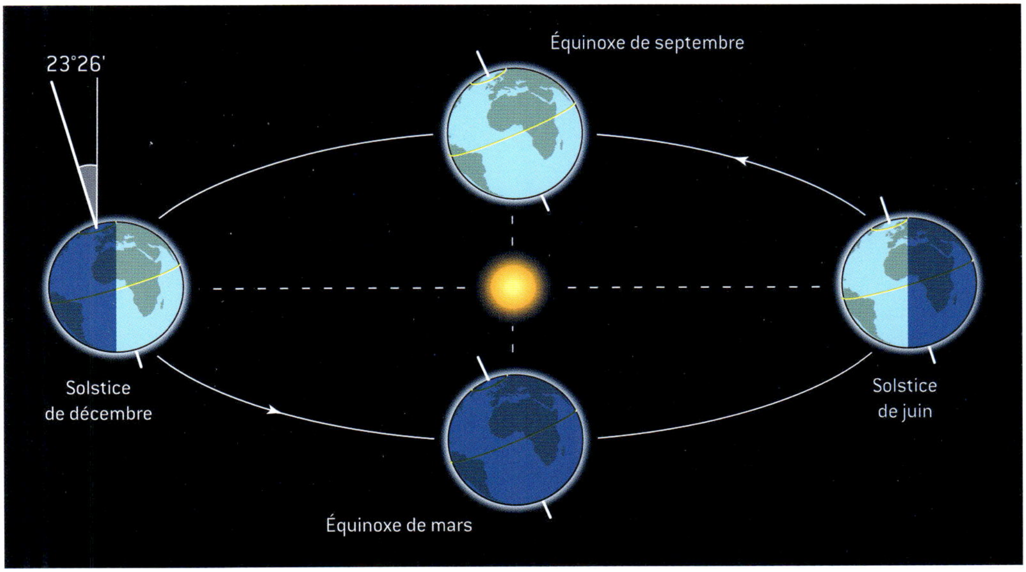

Fig. 18 : La cause des saisons : l'inclinaison de l'axe de rotation de la Terre.

Pour le XXIe siècle, la date la plus fréquente pour l'équinoxe de printemps est le 20 mars, celle du solstice d'été le 21 juin, celle de l'équinoxe d'automne le 22 septembre et celle du solstice d'hiver le 21 décembre.

Au début du XXe siècle, l'équinoxe de printemps tombait plus souvent le 21 mars et le solstice d'été le 22 juin. Vers la fin du XXIe siècle, l'équinoxe de printemps va commencer à tomber le 19 mars, le solstice d'été le 20 juin, l'équinoxe d'automne le 21 septembre et le solstice d'hiver le 20 décembre. Cette lente dérive des dates des saisons est la conséquence du fait que la durée de l'année du calendrier grégorien est un peu trop longue par rapport à l'année tropique* (année des saisons). Elle est également due à une faible diminution de la longueur de l'année tropique et à une variation de la durée des saisons.

Les saisons se traduisent principalement par une variation de la hauteur du Soleil au cours de l'année (haut en été, bas en hiver). Cette variation est due à l'inclinaison de l'axe de rotation de la Terre : si l'axe de la Terre n'était pas incliné, ce serait l'équinoxe toute l'année, le Soleil culminant toujours à la même hauteur en un même lieu. Comme l'axe de la Terre est incliné sur son orbite, l'équateur céleste ne coïncide pas avec l'écliptique ; le Soleil va se trouver tantôt au Nord de l'équateur (du 20 mars au 22 septembre) tantôt au Sud (du 22 septembre au 20 mars). En un lieu donné, cette variation de la distance angulaire du Soleil par rapport à l'équateur (sa déclinaison) va provoquer une variation de sa hauteur. Il convient de noter que les saisons sont inversées d'un hémisphère à l'autre (**fig. 18**).

La quantité de chaleur que reçoit chaque jour un lieu donné dépend,

***Fig. 19** : Incidence des rayons solaires en été et en hiver : la variation de hauteur du Soleil au cours de l'année fait que la quantité de chaleur se répartit sur une surface plus grande en hiver qu'en été.*

d'une part, de la durée du jour, et d'autre part, de l'incidence des rayons solaires par rapport à l'horizon (**fig. 19**). On soulignera que c'est pendant l'hiver (sous nos latitudes) que la Terre est au plus près du Soleil (vers le 3 janvier) et pendant l'été qu'elle est au plus loin (vers le 5 juillet). Le fait peut paraître paradoxal mais il faut se rappeler que la chaleur répandue sur Terre n'est pratiquement pas fonction de la distance Terre-Soleil, — qui varie d'ailleurs assez peu (distance Terre-Soleil au périhélie = 147 103 000 km, à l'aphélie = 152 100 000 km) —, mais bien de l'incidence des rayons. En résumé, il fait chaud parce que le Soleil est haut et il fait froid parce que le Soleil est bas. Le fait par exemple que le mois de juin ne soit pas le mois le plus chaud tient à l'inertie de l'atmosphère qui met un certain temps à transporter la chaleur.

Précession des équinoxes

Ce troisième mouvement de la Terre (les deux autres étant le mouvement diurne et le mouvement de révolution) a été découvert au IIe siècle av. J.-C. par l'astronome Hipparque mais n'a été correctement interprété qu'au XVIIe siècle par Newton. L'axe de rotation de la Terre ne conserve pas une direction fixe dans l'espace au cours du temps. Il y a 5000 ans environ, l'axe de rotation pointait vers l'étoile α de la constellation du Dragon, qui était donc "étoile polaire" lors de la construction des pyramides d'Égypte. Aujourd'hui, l'axe passe non loin de l'étoile α de la constellation de la Petite Ourse dont il sera au plus près vers 2100 (à 0° 27′ 38″). Puis vers l'an 4000, l'axe pointera vers γ Céphée et vers l'an 14 000 vers l'étoile Véga de la Lyre. Au cours du temps, l'axe de rotation de la Terre décrit donc un cône par rapport aux étoiles, de demi-ouverture égale à l'obliquité de l'écliptique, qu'il boucle en 25 700 ans. La Terre se comporte en quelque sorte comme une toupie : ceci est dû à son aplatissement et aux attractions combinées du Soleil et de la Lune sur son renflement équatorial (**fig. 20**).

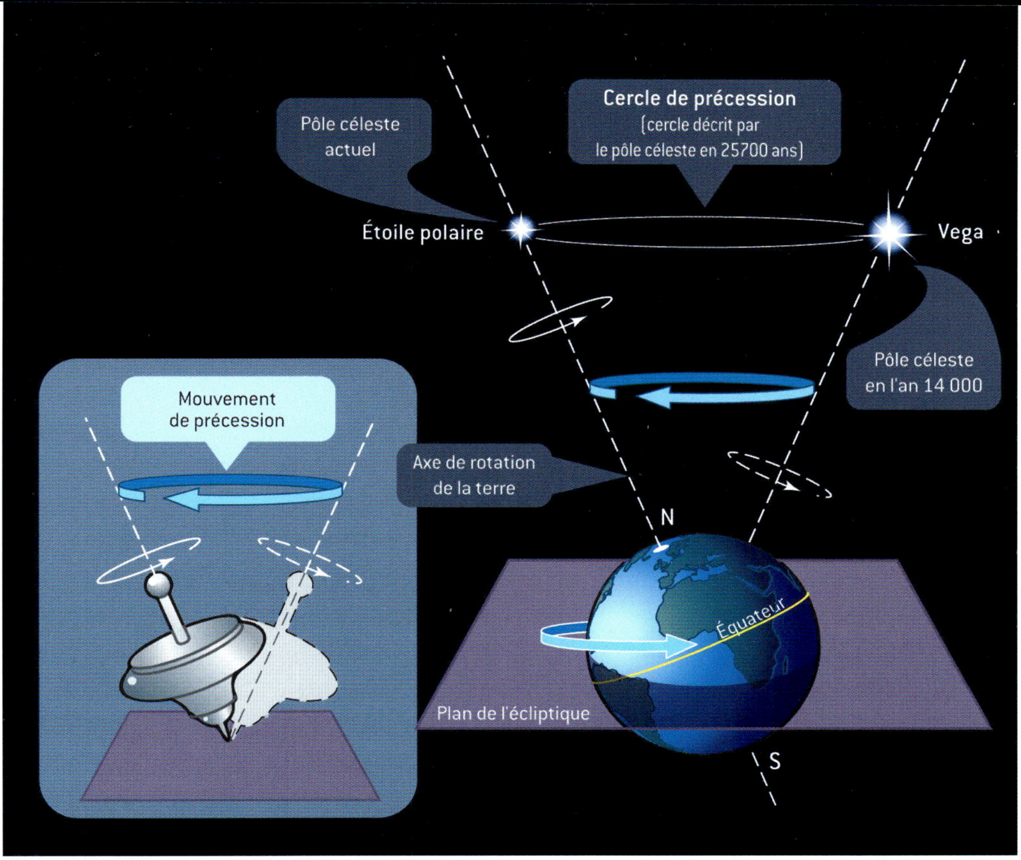

***Fig. 20** : Cône de précession et analogie avec une toupie. En raison de son aplatissement, la Terre se comporte comme une toupie dont l'axe de rotation décrit en 25700 ans un cône de révolution. L'axe de rotation de la Terre pointe au fil des siècles vers différentes étoiles qui sont temporairement polaires.*

Comme l'axe de rotation est mobile, il s'ensuit que l'équateur de la Terre, perpendiculaire à l'axe, — et donc l'équateur céleste —, est lui aussi mobile : le point gamma glisse sur l'écliptique d'environ 50,3″ (en longitude) par an vers l'Ouest, soit 1° en près de 72 ans. Ceci entraîne une lente variation des coordonnées équatoriales et écliptiques des étoiles fixes (**fig. 21**, page suivante). C'est la raison pour laquelle, lorsqu'on établit un catalogue d'étoiles, il est toujours rapporté à un équinoxe fixe, — sous entendu un point gamma fixe —, comme par exemple celui de 2000. À titre d'exemple, voici la variation des coordonnées équatoriales et écliptiques de l'étoile Sirius en 3000 ans :

	α	λ	δ	β
- 1000	4 h 33 m	62° 58′	- 17° 10′	- 38° 56′
+ 2000	6 h 45 m	104° 05′	- 16° 43′	- 39° 36′

Par contre, lorsque l'on donne dans des éphémérides les coordonnées du Soleil, de la Lune et des planètes, celles-ci sont toujours rapportées à l'équinoxe mobile de la date ; en d'autres termes, on exprime ces coordonnées en tenant compte de la précession. Actuellement, le point vernal se projette dans la constellation des Poissons ; en 2597, il sera dans la constellation du Verseau puis en 4312 dans celle du Capricorne.

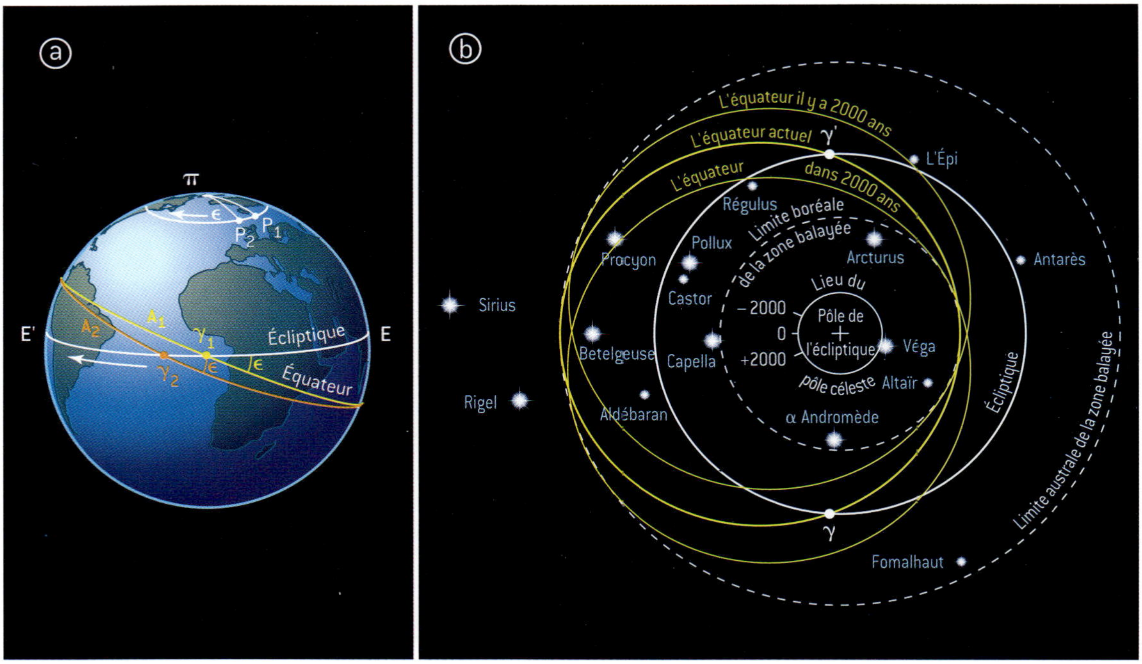

***Fig. 21** : Variation des coordonnées sous l'action de la précession. **a.** Le pôle céleste Nord tourne autour du pôle de l'écliptique en 25 700 ans. En passant de P_1 en P_2, il entraîne un glissement de l'équateur sur l'écliptique : l'intersection passe de γ_1 en γ_2. **b.** Vue en projection stéréographique, on constate que l'équateur céleste se déplace, ce qui provoque un changement dans la visibilité des constellations en un lieu au fil du temps.*

Le nom de "précession des équinoxes*" vient du fait que l'équinoxe de printemps, instant où le Soleil franchit le point vernal, se produit à des intervalles plus courts que si le point gamma était fixe. La précession entraîne également une modification des étoiles visibles en un lieu. Par exemple la constellation de la Croix du Sud, visible actuellement en dessous du parallèle 26° de latitude, sera visible en France dans 12 000 ans (le point gamma aura reculé de près de 180° sur l'écliptique). On verra, l'été, à peine émerger la constellation d'Orion, celle du Grand Chien étant devenue invisible. Une partie de nos constellations actuelles d'été seront alors visibles l'hiver et vice-versa. Cela signifie également que la précession modifie l'époque où le Soleil se projette (depuis la Terre) devant une constellation zodiacale. Par exemple quelqu'un né un 23 avril aujourd'hui "voit" le Soleil se projeter dans la constellation du Bélier. Alors qu'il y a 2 500 ans, le Soleil se projetait le 23 avril dans la constellation du Taureau. Notons que cet argument est souvent utilisé pour dénoncer l'escroquerie que constitue l'astrologie, qui utilise des données périmées depuis au moins 2 000 ans. Mais même en tenant compte de la précession, l'astrologie reste une escroquerie.

Les appellations de "tropique du Cancer" et "tropique du Capricorne" sont les témoins de la période de l'Antiquité où le Soleil se projetait alors dans le signe du Cancer à l'instant du solstice d'été et dans le signe du Capricorne

▶ La découverte de la précession des équinoxes

Le mouvement de précession n'était pas connu des astronomes babyloniens. Le mérite de sa découverte en revient à Hipparque (IIe siècle av. J.-C.). Les deux ouvrages qu'il a composés sur ce sujet — intitulés respectivement *Sur le déplacement des points équinoxiaux et solsticiaux* et *Sur la longueur de l'année* — étant perdus, notre seule source sur la méthode qu'il a utilisée est l'*Almageste* de Ptolémée, composé au IIe siècle de notre ère. On ignore ce qui a conduit Hipparque à la découverte de ce phénomène : est-ce le résultat de ses observations de la longitude de l'étoile *Spica* lors d'une éclipse de Lune, ou bien l'aboutissement de ses mesures sur la longueur de l'année solaire ? Au chapitre premier du livre III de l'*Almageste*, Ptolémée rapporte qu'Hipparque a comparé neuf observations d'équinoxes d'automne et de printemps faites entre 162 et 128 av. J.-C., auxquelles il a ajouté deux autres observations de solstices dues respectivement à Méton et Euctémon en 432 av. J.-C., et à Aristarque en 280 av. J.-C. En comparant toutes ces observations, Hipparque arriva à la conclusion que l'année solaire durait 365,25 jours moins 1 / 300 de jour, soit 365 j 5 h 55 m 12 s. Cette valeur de l'année tropique sera acceptée trois siècles plus tard par Ptolémée.

On passe aisément de la valeur de l'année tropique à celle de l'année sidérale par la mesure de la différence en longitude. Ptolémée ne dit rien de la valeur donnée par Hipparque à l'année sidérale, mais on sait par le grand médecin Galien de Pergame, contemporain de Ptolémée, qu'il l'estimait à 365,25 jours + 1 / 144, soit 365 j 6 h 10 m : d'où l'on déduit une constante de précession de 36″ par an, soit 1° en 100 ans. Bien que ce calcul n'ait été effectué ni par Hipparque, ni par Ptolémée, on doit bien à Hipparque la distinction entre les deux types d'années. On sait de plus qu'Hipparque tenait l'année tropique pour variable, une idée qui, formellement contestée par Ptolémée, sera en revanche reprise par les astronomes arabes du Moyen Âge et par Copernic. La méthode restée la plus connue pour la découverte de la précession est celle utilisant la variation de longitude de l'étoile *Spica* de la constellation de la Vierge au cours du temps. Ptolémée écrit au chap. 2 du livre VII de l'*Almageste* que, dans son traité *Sur le déplacement des points équinoxiaux et solsticiaux*, qu'Hipparque a montré par l'observation d'éclipses de Lune que la longitude de cette étoile était passée de 8° à 6° par rapport au point vernal d'automne entre l'observation de l'astronome Timocharis (actif entre 290 et 272 av. J.-C) et la sienne propre, soit sur un intervalle de temps d'environ 150 ans.

La conclusion tirée par Hipparque de ses mesures est résumée en ces termes par Ptolémée : « Nous avons jugé d'après cela que les étoiles s'avancent vers l'orient d'un degré à peu près en cent ans, comme il semble qu'Hipparque l'a soupçonné suivant ce qu'il dit dans son traité sur la longueur de l'année ». (*Almageste*, VII 2). Avant d'accepter lui-même cette valeur au terme d'un long examen pour déterminer la constante de précession, Ptolémée critique la fiabilité des mesures d'Hipparque, remarquant par exemple qu'il a mesuré deux fois la longitude de Spica à 11 ans d'intervalle avec un écart de 1°15′ entre les deux mesures.

à l'instant du solstice d'hiver ; en raison de la précession, le Soleil se projette aujourd'hui à la limite des constellations des Gémeaux et du Taureau au solstice du 21 juin et dans la constellation du Sagittaire au solstice du 21 décembre.

Il convient de bien noter que la précession n'affecte en rien la position du pôle au-dessus de l'horizon d'un lieu : les points cardinaux, comme les latitudes, sont invariables. Si les Égyptiens ont utilisé l'étoile α du Dragon pour

▶ Cercle polaire et nutation

Dans certains pays nordiques comme la Norvège, il est de tradition de se faire photographier lorsque l'on franchit le cercle polaire arctique, matérialisé par des bornes. En théorie, la latitude du cercle (et donc des bornes) est égale à (90° — obliquité de l'écliptique;) or celle-ci décroît d'environ 1′ par siècle, ce qui signifie qu'il faut déplacer les bornes de 1852 mètres vers le Nord tous les siècles. À l'époque actuelle, la latitude du cercle polaire arctique est de + 66° 34′. Mais la nutation* de l'axe de la Terre, qui modifie l'obliquité de l'écliptique, provoque une oscillation du cercle polaire de 284 mètres à la surface terrestre, de sorte que pour avoir la certitude de franchir le cercle, il ne faut pas hésiter à osciller largement autour des bornes.

orienter leurs pyramides vers le Nord géographique (on ne connaît pas la méthode utilisée), et qu'aujourd'hui c'est l'étoile α de la Petite Ourse qui indique le Nord, il ne faut pas en déduire que le Nord s'est déplacé.

Ajoutons pour terminer qu'en 1748, l'astronome anglais James Bradley découvrit la nutation : ce sont des ondulations de l'axe de rotation de la Terre autour du cône de précession, dont la plus grande période (due à la Lune) est

▶ La polhodie

On peut assimiler la Terre à un ellipsoïde d'inertie de révolution très peu aplati (aplatissement = 1/298,257). Les conditions initiales de rotation de notre planète font que son axe de rotation ne coïncide pas avec l'axe d'inertie : l'axe de rotation instantané décrit autour de l'axe principal un cône de révolution (ne pas confondre ce phénomène avec la précession des équinoxes) (**fig. 22**). C'est le mathématicien suisse Leonhard Euler (1707-1783) qui a montré que dans le cas d'une Terre rigide, le pôle de l'axe de rotation instantané devait décrire autour du pôle d'inertie une courbe circulaire — appelée polhodie —, décrite en 305 jours. L'observation montre que depuis un siècle, le pôle de l'axe de rotation instantané reste à l'intérieur d'un cercle de 20 mètres de diamètre et décrit la courbe non pas en 305 mais en près de 433 jours (période de Chandler). C'est la preuve que la Terre n'est pas rigide : les océans, des causes météorologiques ainsi que des causes géophysiques complexes expliquent en partie cette différence entre la théorie (305 jours) et l'observation (433 jours). On constate également une lente dérive séculaire du pôle (12 cm par an) attribuée aux effets du rebond post-glaciaire qui a commencé il y a 10 000 ans avec la fonte des glaces des calottes polaires.

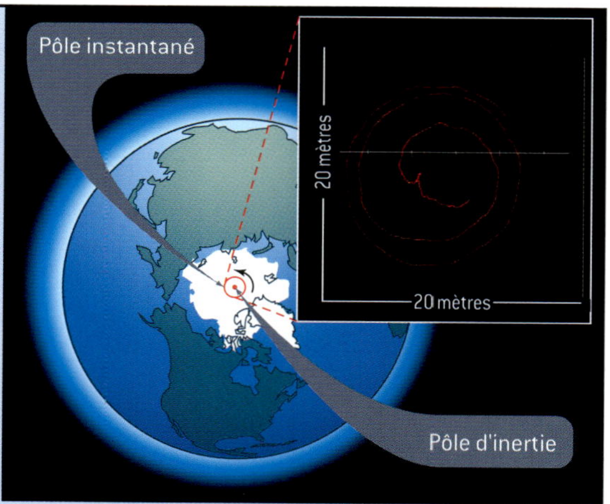

***Fig. 22** : Polhodie. L'axe instantané de rotation de la Terre ne coïncide pas avec l'axe d'inertie : il se déplace à la surface terrestre en décrivant une courbe appelée polhodie.*

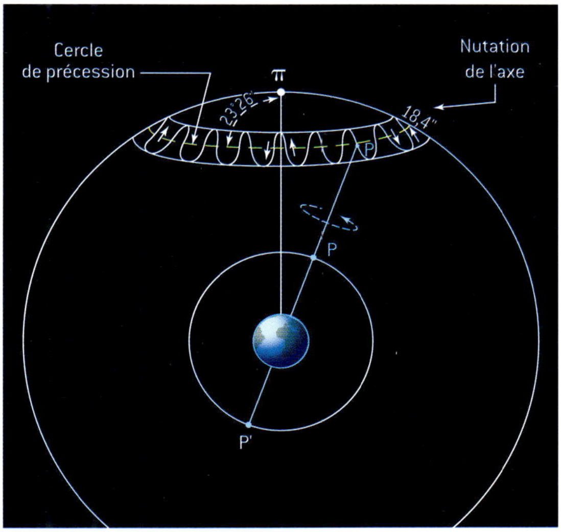

***Fig. 23** : Nutation. L'axe de rotation de la Terre oscille de part et d'autre d'une position moyenne en décrivant des festons : c'est la nutation, qui provoque entre autres une variation de l'obliquité de l'écliptique.*

de 18,61 ans et dont l'amplitude atteint 9,20″. Il en résulte par exemple une variation de l'obliquité de l'écliptique ainsi qu'une petite oscillation du point vernal (**fig. 23**).

Temps solaire vrai, temps solaire moyen, équation du temps

Le temps solaire vrai* est l'angle horaire du Soleil : il est 0 h de temps solaire vrai à midi vrai, lorsque le Soleil passe au méridien. C'est un temps strictement local, indiqué par exemple par les cadrans solaires. Au même instant, deux cadrans solaires placés en des lieux de longitudes différentes n'indiquent pas le même temps.

Le temps solaire vrai traduit à la fois le mouvement de révolution de la Terre autour du Soleil et son mouvement de rotation. Il s'ensuit que l'intervalle de temps séparant deux passages consécutifs du Soleil au méridien du lieu, — le jour solaire vrai —, n'est pas toujours égal à 24 h parce que l'ascension droite du Soleil ne croît pas de façon uniforme. Le jour solaire vrai varie de 23 h 59 m 39 s à 24 h 0 m 30 s. Dès l'Antiquité, on a donc introduit un temps solaire moyen, afin qu'entre deux passages du Soleil moyen au méridien, il s'écoule exactement 24 h 0 m 0 s : c'est le jour solaire moyen, lui aussi local, mais uniforme. On passe du temps solaire vrai au temps solaire moyen en ajoutant l'équation du temps : c'est la somme des inégalités du temps solaire. On peut aussi définir l'équation du temps comme la différence entre le temps solaire moyen et le temps solaire vrai.

En d'autres termes, le Soleil vrai, c'est-à-dire le Soleil que l'on observe, prend chaque jour quelques secondes d'avance (ou de retard) en revenant au méridien par rapport à un Soleil idéal (le Soleil moyen) qui lui revient au méridien au bout de 24 h exactement. La somme des avances (ou des retards) est l'équation du temps : elle peut atteindre près de – 16 minutes début novembre et un peu plus de + 14 min en février. Ce qui signifie par exemple qu'en février, le Soleil vrai passe au méridien du lieu 14 minutes après le Soleil moyen. D'un point de vue général, si l'équation du temps est positive, le Soleil vrai passe au méridien après le Soleil moyen ; si elle est négative, le Soleil vrai passe au méridien avant le Soleil moyen (**fig. 24**, page suivante).

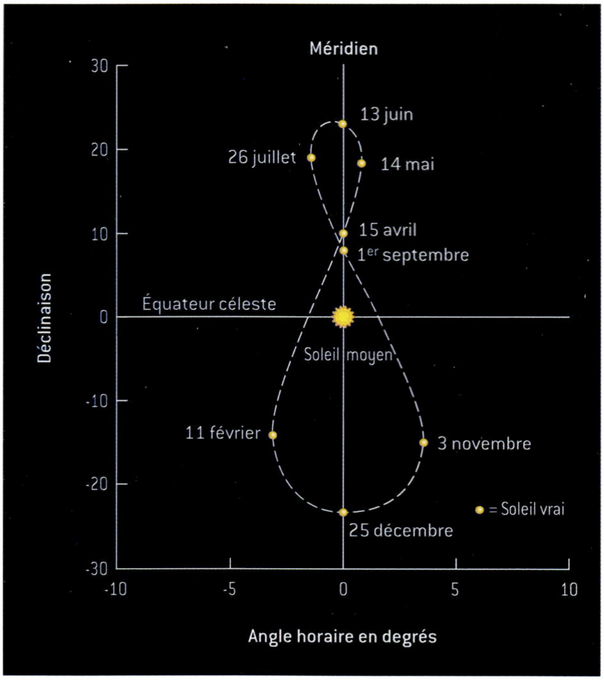

Fig. 24 **: *Coube en 8 du Soleil. Le Soleil moyen, situé sur l'équateur céleste, revient au méridien au bout de 24 heures exactement. Le Soleil vrai oscille de part et d'autre : tantôt il passe avant le Soleil moyen, tantôt, il passe après.***

Quel rapport existe-t-il entre l'ascension droite et l'équation du temps? Il convient de se rappeler que le temps solaire vrai est l'angle horaire du Soleil; en vertu de la définition de l'équation du temps, on peut écrire que l'équation du temps $E = H_m - H$, H_m étant l'angle horaire du Soleil moyen et H l'angle horaire du Soleil vrai. Or selon la relation fondamentale $H = T - \alpha$, où H est l'angle horaire, T le temps sidéral local et α l'ascension droite, on a $E = \alpha - \alpha_m$, α_m étant l'ascension droite du Soleil moyen.

Donc étudier l'équation du temps revient à comprendre pourquoi l'ascension droite du Soleil ne croît pas de façon uniforme en un jour.

L'équation du temps peut être considérée comme la somme de deux termes: la réduction à l'équateur* et l'équation du centre*.

Réduction à l'équateur

Le Soleil ne décrit pas l'équateur céleste mais l'écliptique: il en résulte que l'accroissement en un jour de l'ascension droite est la projection sur l'équateur de l'accroissement de la longitude. Supposons que le Soleil décrive exactement 1° par jour sur l'écliptique. Lorsque le Soleil est proche du point vernal, la projection A'B' de son déplacement AB est inférieure à 1° (**fig. 25**). Par contre près des solstices, la projection C'D' du déplacement CD est supérieure à 1°. À titre de comparaison, si sur Terre un arc de 1° en longitude sur l'équateur correspond à une distance de 111 km, on ne parcourt plus 1° de longitude au niveau de Paris en faisant 111 km vers l'Est ou l'Ouest.

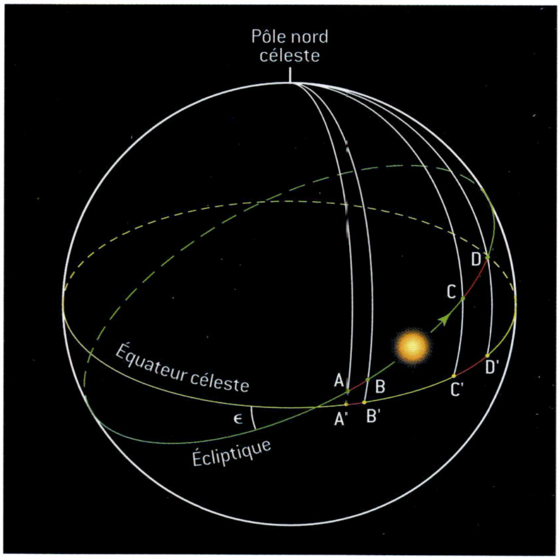

Fig. 25 **: *Principe de la réduction à l'équateur. Sur l'écliptique, l'arc AB est égal à l'arc CD ; mais en projection sur l'équateur, l'arc A'B' est inférieur à l'arc C'D'.***

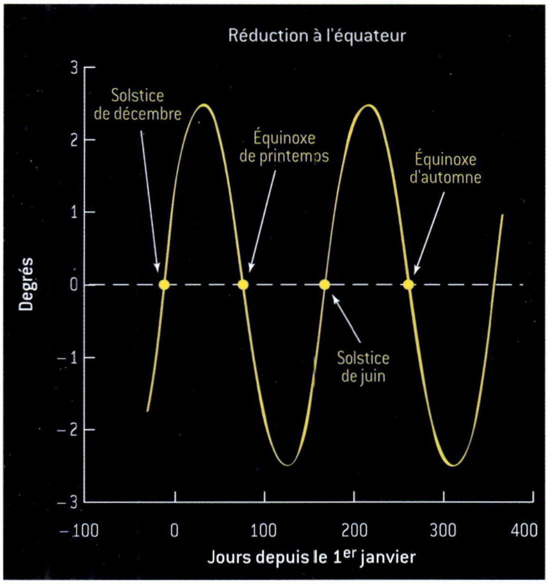

Fig. 26 : Graphique représentant la réduction à l'équateur au cours de l'année.

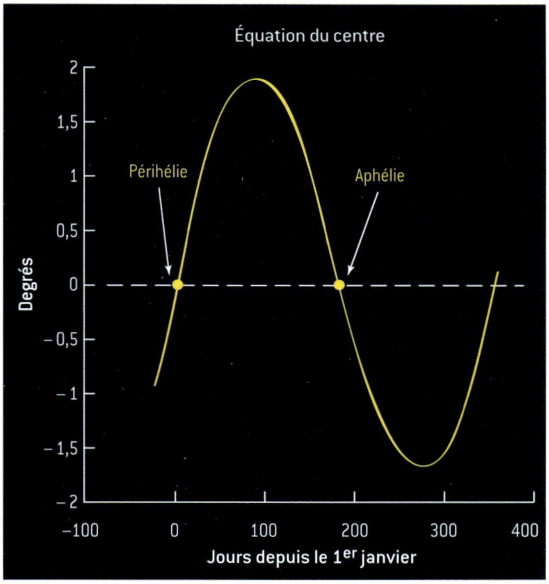

Fig. 27 : Graphique représentant l'équation du centre au cours de l'année.

La réduction à l'équateur s'annule quatre fois par an : aux équinoxes et aux solstices (**fig. 26**). Ses valeurs extrêmes sont égales à ± 2° 28′.

Équation du centre

On a vu que le mouvement du Soleil sur l'écliptique n'était pas uniforme puisque le Soleil se déplace plus vite au périgée. L'équation du centre s'annule deux fois par an : lorsque le Soleil est au périgée et à l'apogée (voir **fig.** 7 du présent chapitre). Ses valeurs extrêmes sont ± 1° 55′ (**fig.** 27).

La somme de la réduction à l'équateur, — qui est le terme le plus important —, et de l'équation du centre, est l'équation du temps (**fig. 28**, page suivante). Elle s'annule actuellement quatre fois par an : le 15 avril, le 13 juin, le 1er septembre et le 25 décembre.

Pour que l'équation du temps cesse d'exister, il faudrait non seulement que l'axe de rotation de la Terre soit perpendiculaire au plan de l'orbite, et que la Terre décrive autour du Soleil un cercle à vitesse constante.

Les valeurs de l'équation du temps changent lentement au cours des années ; le principal facteur de ce changement est la variation de la longitude du périhélie de la Terre.

La variation de l'équation du temps s'accompagne d'une variation de la durée du jour solaire vrai. Celui-ci peut excéder de 30 secondes de temps au maximum le jour solaire moyen, comme c'est actuellement le cas au voisinage du solstice d'hiver et dans une moindre mesure du solstice d'été. Alors qu'au voisinage des équinoxes, le jour solaire vrai est plus court de 20 secondes par rapport au jour solaire moyen. Ceci est dû à la variation de l'équation du temps ; quatre fois par an, le jour solaire vrai dure exactement 24 h de temps moyen : le 11 février, le 15 mai, le 27 juillet et le 4 novembre. Ce n'est donc pas parce que l'équation du

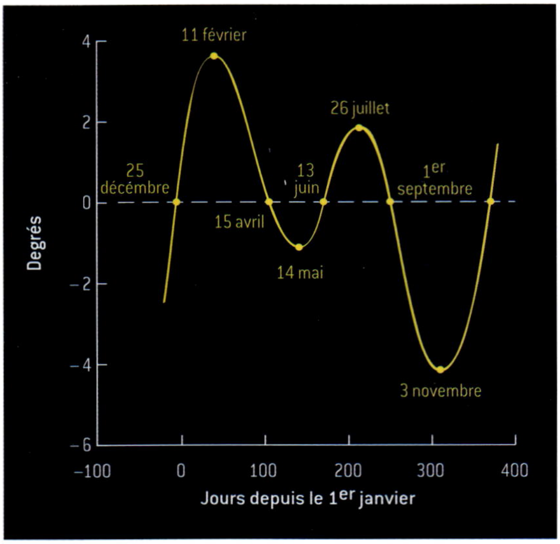

temps est nulle que le jour solaire vrai égale le jour solaire moyen ; c'est lorsque cette variation est nulle que la durée du jour solaire vrai égale celle du jour solaire moyen. C'est vers le solstice d'hiver que les jours solaires vrais sont les plus longs (24 h 00 m 30 s) et vers la mi-septembre qu'ils sont les plus courts (23 h 59 m 39 s).

***Fig. 28** : Graphique représentant l'équation du temps au cours de l'année.*

▶ L'équation du temps et les heures de lever-coucher du Soleil

Sous nos latitudes, le solstice d'été est le jour le plus long de l'année et le solstice d'hiver le jour le plus court. On est donc tenté d'affirmer que dans le premier cas, le 21 juin correspond au jour où le Soleil se lève le plus tôt et se couche le plus tard ; tandis que pour le 21 décembre au contraire, on est en droit de penser que le Soleil va se lever le plus tard de l'année et se coucher le plus tôt. Or il n'en est rien, comme il est facile de le constater en consultant des éphémérides ou un calendrier indiquant les heures de lever et de coucher du Soleil. Voyons pourquoi.

Depuis le XIXe siècle en France, les horloges sont calées sur le temps solaire moyen, et comme on l'a vu, la différence entre le temps moyen des horloges et le temps vrai des cadrans solaires, — abstraction faite des corrections dues à la longitude et aux dispositions légales — constitue ce qu'on appelle l'équation du temps.

Sur la **figure 29**, où la différence entre le midi moyen et le midi vrai a été exagérée, on peut suivre l'évolution de la durée du jour pour la latitude de Paris : le 6 décembre par exemple, le midi vrai arrive 9 minutes avant le midi moyen. À Noël, le 25 décembre, les deux midis coïncident ; puis le 7 janvier, le midi vrai s'observe 6 minutes après le midi moyen. Pendant cette période, les courbes de lever et de coucher du Soleil, à peu près symétriques par rapport au midi vrai, se rapprochent pour passer par un minimum de 8 h 15 m le jour du solstice d'hiver et s'écarter ensuite. Si nos montres étaient comme autrefois réglées sur le temps solaire vrai, on vérifierait que le Soleil se couche le plus tôt possible le 21 ou le 22 décembre.

En temps moyen, il n'en va plus de même. Le coucher le plus précoce est celui où l'augmentation quotidienne de l'équation du temps vient compenser la diminution de la demi-durée du jour. Sur la **figure 29**, la distance entre le midi moyen et le coucher prend sa plus petite valeur quand la tangente à la courbe et la ligne de midi deviennent parallèles. Ce qui a lieu le 12 décembre : c'est pour Paris, le jour où le Soleil se couche le plus tôt. Si l'on poursuit l'examen, on voit que la ligne du midi moyen continue de se rapprocher de la courbe des levers. Ceux-ci, selon nos montres, se font de plus en plus tard, jusqu'au 1er janvier.

L'équation du temps, qui détruit la concordance des levers et des couchers extrêmes avec le solstice d'hiver, ne manque pas de jouer un rôle analogue au solstice d'été ; à Paris, l'heure du lever commence à rétrograder le 17 juin et celle du coucher commence à avancer le 26 juin.

On constate également que tantôt l'allongement du jour porte sur la matinée, tantôt sur l'après-midi et cela varie selon le lieu. Par exemple le 3 novembre 2021, à Paris, le Soleil se lève à 6 h 41 m et se couche à 16 h 27 m (en Temps Universel). La matinée dure donc 12 h – 6 h 41 m = 5 h 19 m tandis que l'après-midi dure 16 h 27 m – 12 h = 4 h 27 m : la matinée l'emporte de 52 minutes sur l'après-midi.

Si l'on se place maintenant le 11 février 2021 à Brest, le Soleil se lève à 7 h 32 m et se couche à 17 h 33 m ; la matinée dure 12 h – 7 h 32 m = 4 h 28 m tandis que l'après-midi dure 17 h 33 m – 12 h = 5 h 33 m : l'après-midi l'emporte de 1 h 05 m sur la matinée.

Là encore, c'est l'équation du temps qui est responsable de la dissymétrie entre la matinée et l'après-midi, avec en plus un effet dû à la longitude du lieu. Car dans les deux exemples précités, lorsqu'on dit "12 h" ou "midi", cela ne signifie pas du tout que le Soleil vrai culmine au méridien du lieu : c'est le midi moyen du méridien de Greenwich. Or le Soleil moyen passe tous les jours au méridien à Paris à 11 h 50 m 39 s UT (longitude de Paris = – 9 m 21 s). De même que le Soleil moyen passe au méridien à Brest à 12 h 17 m 58 s UT (longitude de Brest = + 17 m 58 s).

Donc si on reprend notre calcul avec le midi moyen, on constate que le 3 novembre à Paris, la matinée dure 5 h 10 m et l'après-midi 4 h 36 m : l'écart entre matinée et après-midi tombe à 34 minutes. Pour Brest le 11 février, la matinée dure 4 h 46 m et l'après-midi 5 h 15 m : l'écart tombe à 29 minutes.

Pour faire disparaître presque complètement les écarts (le léger écart constaté provient de la variation de la déclinaison au cours de la journée), il suffit maintenant de prendre en compte l'équation du temps ; on a en effet raisonné jusque-là sur le midi moyen. Or l'écart entre le midi moyen et le midi vrai est égal à l'équation du temps. Le 3 novembre, l'équation du temps vaut – 16 m 27 secondes : le Soleil vrai passe au méridien avant le Soleil moyen. Donc le Soleil vrai passe au méridien de Paris le 3 novembre à 11 h 50 m 39 s – 16 m 27 s = 11 h 34 m 12 s UT. La matinée dure 11 h 34 m 12 s – 6 h 41 m = 4 h 53 m et l'après-midi dure 16 h 27 m – 11 h 34 m 12 s = 4 h 53 m. L'écart a disparu.

Le 11 février, l'équation du temps vaut + 14 m 12 s : le Soleil vrai passe au méridien après le Soleil moyen. Donc le Soleil vrai passe au méridien de Brest le 11 février à 12 h 17 m 58 s + 14 m 12 s = 12 h 32 m 10 s UT. La matinée dure 12 h 32 m 10 s – 7 h 32 m = 5 h 00 m et l'après-midi dure 17 h 33 m – 12 h 32 m 10 s = 5 h 01 m.

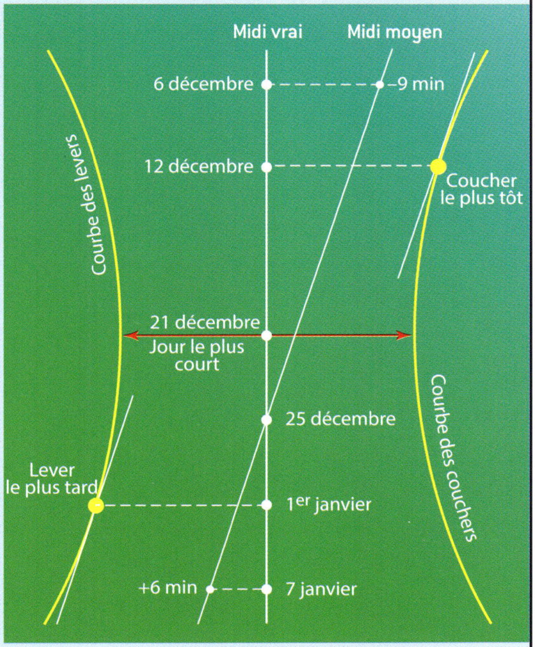

***Fig. 29** : Courbes des levers et des couchers du Soleil vers le solstice d'hiver à la latitude de Paris. Le jour le plus court (21 décembre) n'est pas celui où le Soleil se lève le plus tard et se couche le plus tôt.*

Temps civil, Temps Universel

Jusqu'au début du XIXe siècle, chaque ville en France avait son heure propre, celle des cadrans solaires. Mais le développement des horloges imposa petit à petit l'emploi du temps solaire moyen, qui évite d'avoir sans cesse à se caler sur le Soleil. Cela dit, l'emploi du temps moyen ne résout pas tous les problèmes, car il reste local : lorsqu'il est midi moyen à Nice, il n'est que 11 h 13 m à Brest, ce qui correspond à la différence de longitude entre les deux villes. Le développement des moyens de communication, en particulier des chemins de fer, mit en évidence l'obligation d'avoir sur tout le territoire la même heure. En 1891, un décret stipula que l'heure légale en France était le temps moyen du méridien de Paris. Puis en 1911, la France rattacha son heure à celle du méridien de Greenwich, en décrétant que l'heure légale en France était « l'heure temps moyen de Paris retardée de 9 m 21s ».

Il parut également nécessaire à cette époque de définir le temps civil* ; il est en effet problématique qu'il soit 0 h de temps solaire vrai (ou 0 h de temps de temps solaire moyen) lorsque le Soleil est à sa culmination à midi. Le temps civil est donc le temps solaire moyen augmenté de 12 heures. On définit ainsi le Temps Universel (UT) comme le temps solaire moyen de Greenwich (GMT) augmenté de 12 h : lorsqu'il est midi UT, il est 0 h GMT. Depuis 1928, l'Union Astronomique Internationale recommande de ne plus utiliser le sigle GMT (Greenwich Mean Time).

L'introduction de l'heure d'été en 1916 (UT + 1 h), puis à partir de 1976 d'une heure d'hiver (UT + 1 h) et d'une heure d'été (UT + 2 h), pour des raisons d'économie d'énergie, a obligé de définir le temps légal en tenant compte de ces ajouts. Plus précisément, le loi du 9 août 1978 stipule que « le temps légal est obtenu en ajoutant ou en retranchant un nombre entier d'heures au Temps Universel Coordonné ». En résumé, la France a été calée en permanence sur UT + 1 h de 1916 à 1975 (avec des passages à UT + 2 h entre 1940 et 1945), puis sur UT + 1 h ou 2 h à partir de 1976.

En 1884, il fut décidé à la conférence internationale de Washington que le méridien passant par l'observatoire de Greenwich serait l'origine des longitudes sur Terre. Il fut aussi décidé la division de la surface terrestre en 24 fuseaux horaires de 15° de longitude chacun. Le premier fuseau s'étend de 7°,5 de part et d'autre du méridien de Greenwich ; on y fait usage du Temps Universel. Le deuxième fuseau s'étend de – 7°,5 à – 22°,5 ; on y fait usage du Temps Universel augmenté d'une heure ; et ainsi de suite. En réalité, pour des raisons liées à des habitudes locales, à des économies d'énergie ou à un étalement sur plusieurs fuseaux comme pour les États-Unis, le Canada et la Russie, chaque pays adopte souvent une heure civile différente de celle du fuseau. Les fuseaux sont en général numérotés de 0 à 23 à partir du méridien de Greenwich, en allant vers l'Est. Le numéro indique l'heure du fuseau lorsqu'il est 0 h à Greenwich. Lorsque l'on franchit la limite d'un fuseau vers l'Est, on doit avancer sa montre

▶ Courbe en 8 du Soleil

Si l'on prend une photo chaque jour à midi moyen ou à 12 UT, soit du Soleil directement dans le ciel, soit de son image issue d'un œilleton (**photo ci-contre**), on obtient une courbe en forme de 8, que les Anglo-Américains appellent "l'analemme" du Soleil, appellation tout-à-fait impropre. Pourquoi obtient-on une courbe en forme de huit ? Le temps moyen avance ou retarde sur le temps solaire vrai, la différence étant l'équation du temps : c'est donc l'équation du temps que visualise cette courbe. Le 8 n'est d'ailleurs pas absolument parfait puisque les valeurs de l'équation du temps ne sont pas symétriques pour une même déclinaison, selon que celle-ci est croissante ou décroissante. Le nœud de la courbe est atteint actuellement vers le 13 avril et le 30 août, tandis que les deux sommets de la courbe correspondent aux solstices.

Courbe en 8 de temps moyen encadrant la méridienne de la salle Cassini de l'Observatoire de Paris.

d'une heure ; on la retarde d'une heure si l'on fait route vers l'Ouest.

La ligne de changement de date, conventionnelle, suit sensiblement l'antiméridien de Greenwich (longitude ± 180°). On recule la date d'un jour si l'on franchit la ligne de l'Ouest vers l'Est et on augmente la date d'un jour dans l'autre sens.

Les échelles de temps

Le temps légal, diffusé par exemple par les signaux horaires ou par les systèmes GNSS, est "fabriqué" par des horloges atomiques à césium. Depuis 1967, l'unité de temps est la seconde du Temps Atomique International, définie comme représentant « la durée de 9192631770 périodes de la radiation correspondant à la transition entre les deux niveaux hyperfins de l'état fondamental de l'atome de césium 133 ». L'échelle de temps issue de cette définition est le Temps Atomique International, abrégé en TAI. Ce sont donc les physiciens qui fabriquent la seconde ; on devrait plutôt dire qu'ils fabriquent une seconde "moyenne", car le TAI est issu d'environ 500 horloges atomiques réparties dans le monde entier, ceci pour d'évidentes raisons de sécurité : on n'est jamais à l'abri d'une coupure d'électricité. À cela s'ajoute des raisons de non-confiscation du temps par une nation. Ce qui veut dire qu'il faut comparer des temps atomiques fabriqués par des pays — parfois très éloignés — pour en faire la moyenne. La méthode maintenant exclusivement employée est la réception des signaux de satellites. Cette comparaison est effectuée par le Bureau International des Poids et Mesures (BIPM). Il convient d'ajouter que la précision des horloges atomiques est devenue tellement importante que les effets relativistes ne peuvent plus être négligés. La théorie de la relativité prévoit en effet que la fréquence d'un oscillateur dépend du champ gravitationnel dans lequel il se trouve ainsi que des conditions de mouvement par rapport à l'observateur qui effectue la mesure. Concrètement, cela signifie qu'on a observé des différences de marche, de l'ordre de quelques centaines de nanosecondes, entre les indications de deux horloges dont l'une était restée à terre tandis que l'autre avait effectué un voyage à bord d'un avion.

Lorsqu'en 1972 entra en vigueur le Temps Atomique International, plusieurs problèmes se posèrent. Tout d'abord, il fallait rattacher cette nouvelle échelle de temps à l'ancienne, qui était basée sur la rotation de la Terre puis sur son mouvement de translation autour du Soleil. Comme on le verra par la suite, la Terre ralentit au fil du temps, de sorte qu'il apparut aux astronomes dans la première moitié du XXe siècle qu'il fallait utiliser non pas la rotation de la Terre sur elle-même mais plutôt son mouvement de révolution autour du Soleil, qui est très stable et bien connu. En 1960, on décida que "la seconde est la fraction de 1/31 556 925,9747 de l'année tropique pour le 0 janvier 1900 à 12 h du Temps des éphémérides". Cette définition, impossible pratiquement à comprendre en dehors du cercle spécialisé des astronomes, disparut en 1967 lorsqu'on adopta le temps atomique. Toujours est-il que l'échelle de temps issue de cette définition porte le nom de Temps des Éphémérides* (abrégé en TE). Elle est basée en fait sur la mécanique newtonienne puisqu'elle met en œuvre le mouvement orbital de la Terre autour du Soleil. La définition donnée précédemment du temps atomique a pour but d'assurer la continuité entre le TAI et TE. Le Temps des Éphémérides reste la meilleure représentation du temps uniforme avant l'apparition du temps atomique et c'est le seul qu'on utilise pour interpréter les observations anciennes comme les éclipses de Soleil.

À la fin des années 1960, ce qui parut le plus gênant lorsqu'on proposa le temps atomique, c'était le fait que l'échelle de temps du TAI était totalement dissociée des mouvements célestes : il s'ensuivait que la durée du jour solaire moyen (de 24 heures) ne comptait plus exactement 86 400 secondes de TAI. Il faut en effet savoir qu'on peut considérer que TAI est une échelle de temps quasi-parfaite. Or depuis l'Antiquité, l'échelle de temps utilisée par les astronomes est le temps solaire moyen : schématiquement, on peut dire que pendant des siècles, la seconde était définie comme la 1 / 86 400 partie du jour solaire moyen. Malheureusement, les astronomes découvrirent au XIXe siècle et au début du XXe siècle que la Terre avait un "double" ralentissement : un ralentissement dit séculaire, dû aux marées océaniques qui frottent sur les fonds marins, et un ralentissement annuel, imprévisible actuellement, dû notamment à des anomalies géophysiques du noyau de la Terre ainsi qu'à des variations climatiques. Donc comme la Terre ralentit, la durée du jour augmente ; pour donner un ordre d'idée, la durée du jour augmente de 0,001752 seconde par siècle : depuis 500 millions d'années, le jour a augmenté de 8760 secondes, ce qui veut dire qu'à cette époque, la durée du jour était de 21 h 34 m. Dans 500 millions d'années, la durée du jour sera de 26 h 26 m.

Comme la Terre ralentit et de façon non-uniforme, on comprend qu'utiliser une échelle de temps basée sur sa rotation est problématique. Dire par exemple où passera très précisément (à quelques centaines de mètres près) en France la prochaine éclipse totale de Soleil le 3 septembre 2081 n'est aujourd'hui pas possible, car on ignore absolument d'ici là de combien la Terre aura ralenti (ou accéléré, car elle a des à-coups). Pour les astronomes, cette découverte du ralentissement de la Terre fut une catastrophe ; en effet, depuis la Conférence Internationale de Washington en 1884, ils utilisent une échelle de temps appelée Temps Universel* (abrégée en TU ou UT), justement liée à la rotation de la Terre. Plus précisément, ils utilisent le temps UT1, c'est-à-dire le Temps Universel rapporté à l'axe instantané de rotation de la Terre. On ne rentrera pas ici dans les différentes formes du Temps Universel, et l'on considérera que UT1 peut être confondu avec UT.

Le Temps Universel Coordonné

Lorsqu'en 1967 les physiciens ont proposé d'adopter le temps atomique, et donc d'abandonner le Temps Universel, certains astronomes ont vu d'un mauvais œil leur échapper le contrôle du temps, et les navigateurs ont jugé intolérable d'abandonner toute référence à un temps lié à la rotation de la Terre qui leur était indispensable pour faire le point en mer. Il a donc fallu aboutir à un compromis. Car que se serait-il passé si l'on avait froidement adopté le temps atomique ? On aurait disposé d'une échelle de temps parfaite (le TAI), mais la Terre ralentissant, l'écart entre le TAI et le TU se serait creusé au fil des années. On aurait ainsi abouti (à très long terme…) à ce qu'il soit midi à la montre (en TAI) alors que le Soleil était à peine levé.

On a donc créé une échelle de temps hybride, appelée Temps Universel Coordonné* (UTC) défini par les conditions suivantes :

$$\text{TAI} - \text{UTC} = n \text{ secondes}$$
$$|\text{UT} - \text{UTC}| \leq 0{,}9 \text{ seconde}$$

Ce qui veut dire que dès que la Terre accélère ou ralentit, on doit ajouter ou retrancher une seconde à UTC, selon les instructions du Service International de la Rotation de la Terre. C'est UTC que diffusent les systèmes GNSS (auquel on ajoute 1 h en période « heure d'hiver » et 2 h en période « heure d'été ») ainsi que les récepteurs de la vie quotidienne utilisant le positionnement et la navigation globale au moyen des satellites (GNSS).

En fait, les systèmes de navigation par satellite (GPS, Galileo, BeiDou)

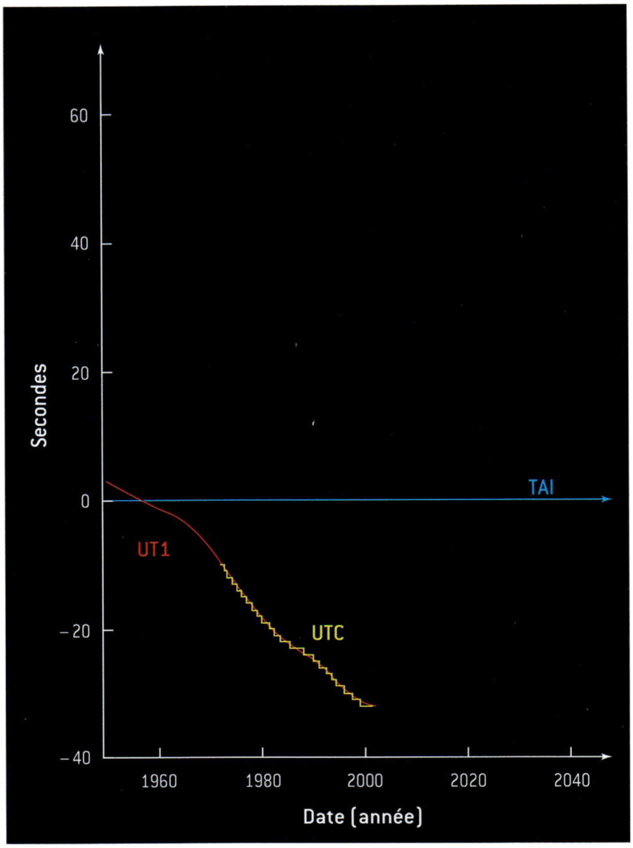

***Fig. 31** : Graphique représentant les échelles de temps TAI, UT et UTC.*

utilisent des échelles de temps calées sur TAI (sauf le Glonass) et c'est le récepteur de l'utilisateur qui fait la conversion en UTC. Si l'on connaît n, qui est un entier (qui vaut 37 secondes en 2021), on a ainsi TAI ; et tout le monde est satisfait puisque UTC fournit aussi UT à moins d'une seconde près. En d'autres termes, UTC possède les qualités d'uniformité du TAI (par morceaux) et grâce à des sauts de secondes permet de maintenir en phase la rotation de la Terre avec les horloges atomiques (**fig. 31**). Cependant, les difficultés techniques soulevées par l'ajout de secondes intercalaires font débat (en plus de raisons philosophiques et historiques) et à terme, l'abandon de UTC au profit d'une échelle de temps continue pour la vie civile est plus que probable.

Lorsque les astronomes calculent par exemple à quel instant tombe le solstice d'été (ou l'heure du coucher du Soleil), ils utilisent dans leurs théories le Temps Terrestre (temps uniforme noté TT et parallèle à TAI, l'écart constant entre les deux valant 32,184 secondes). Le résultat obtenu est donc exprimé en TT. Mais comme nos horloges sont calées sur UTC, il faut exprimer le résultat dans cette échelle de temps. La différence TT – UTC est notée ΔT : on doit la soustraire du résultat pour l'exprimer en UTC. Exemple : le solstice d'été en 2021 a eu lieu le 21 juin à 3 h 33 m TT, soit 3 h 32 m UTC (ΔT = 69 secondes en 2021). Vers l'an 6000, ΔT vaudra 12 heures : il sera donc midi (au Soleil) lorsqu'il sera minuit (en TAI).

Années sidérales, tropiques, anomalistiques

L'année sidérale est le temps mis par le Soleil pour accomplir une révolution complète de l'écliptique, c'est-à-dire par rapport à un repère fixe comme une étoile. Ou, ce qui revient au même, c'est le temps mis par la Terre pour effectuer un tour complet autour du Soleil. La durée de l'année sidérale est de 365 jours 6 h 9 m 10 s. C'est cette durée qui intervient dans les lois de Kepler.

L'année tropique est l'intervalle **moyen** de temps entre deux équinoxes de printemps consécutifs. Supposons que le Soleil parte du point gamma et que celui-ci coïncide avec une étoile ; comme le point gamma rétrograde sur l'écliptique de 50,3″, il s'ensuit que le Soleil reviendra en conjonction avec le point vernal avant de revenir en face de l'étoile. Autrement dit, l'année tropique est plus courte que l'année sidérale : elle vaut actuellement 365 jours 5 h 48 m 45 s (365,24219 jours). La durée de l'année tropique s'obtient facilement par l'observation d'équinoxes, de préférence éloignés dans le temps. Réglant le retour des saisons, elle est la base des calendriers solaires (**fig. 32**).

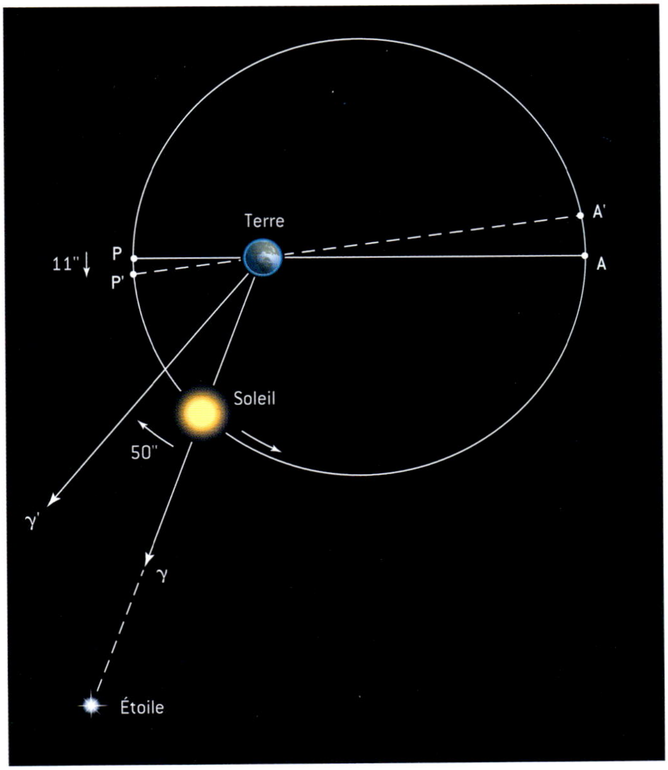

***Fig. 32** : Vision géocentrique montrant la différence entre l'année sidérale et l'année tropique.*

Citons enfin l'**année anomalistique***, qui entre dans le calcul du mouvement képlérien du Soleil : c'est l'intervalle moyen entre deux passages consécutifs de la Terre au périhélie ; elle est égale à 365 j 6 h 13 m 53 s (voir aussi l'encadré sur les passages de la Terre au périhélie dans le chapitre « Planètes »).

▶ Calcul de l'année sidérale à partir de l'année tropique

L'intervalle de temps entre deux équinoxes de printemps successifs n'est pas égal à l'année tropique, ceci en raison de perturbations planétaires et d'inégalités liées notamment au point vernal comme la nutation. Par exemple entre les équinoxes de printemps de 2021 et de 2022, il s'écoule 365 j 5 h 56 m. Il convient donc de bien préciser que l'année tropique est un intervalle **moyen** de temps. De plus, l'année tropique diminue de 0,53 seconde par siècle. Ayant déterminé la longueur de l'année tropique, même approximativement, il est ensuite aisé de calculer la longueur de l'année sidérale, à condition toutefois de connaître la valeur de la constante de précession. Si l'on admet que la Terre tourne autour du Soleil en 365,25 jours, on en déduit par une simple règle de trois qu'elle parcourt les 50,3″ de l'arc de précession en 20 m 25 s. Donc la longueur de l'année sidérale = longueur de l'année tropique + 20 m 25 s = 365 j 5 h 48 m 45 s + 20 m 25 s = 365 j 6 h 9 m 10 s.

Calendriers

Pour établir leurs calendriers, les Anciens ont utilisé soit le Soleil, soit la Lune, soit les deux, ce qui a donné les calendriers solaires, lunaires ou luni-solaires. Les calendriers solaires sont basés sur l'année tropique (365,2422 jours), qui règle le retour des saisons; les calendriers lunaires sont basés sur la révolution synodique* de la Lune ou lunaison (29,53 jours), qui règle les phases de la Lune.

Le calendrier égyptien, qui date du cinquième millénaire avant notre ère, était purement solaire : l'année comptait 360 jours (12 mois de 30 jours) auxquels on rajoutait 5 jours supplémentaires dits épagomènes, ce qui donnait une durée de l'année de 365 jours exactement. L'année égyptienne étant trop courte par rapport à l'année tropique, cela entraînait une dérive du calendrier par rapport aux saisons, rendant le calendrier "vague" : le début de l'année se déplaçait d'environ 15 jours en 60 ans.

Le calendrier romain, initialement lunaire, devint solaire sous la République. L'année comptait 355 jours répartis en 12 mois; pour combler le déficit par rapport à l'année solaire, on intercalait tous les deux ans 22 ou 23 jours supplémentaires entre le 23 et le 24 février. Les dates étaient indiquées par référence à certains jours fixes : le premier jour du mois se nommait *calendae*; les ides marquaient approximativement le milieu du mois (soit le 13 ou le 15) ; les *nones* étaient le neuvième jour avant les *ides* (soit le 5 ou le 7). Les Romains caractérisaient chaque jour par sa distance à la division suivante : au lendemain des calendes, on se référait aux nones; puis au lendemain des nones, on comptait les jours avant les ides; après les ides, on se rapportait aux calendes du mois suivant. Ce système resta en usage jusqu'au Moyen Âge, la semaine n'entrant dans l'usage civil que tardivement.

Au IIe siècle av. J.-C., le début de l'année fut déplacé du 1er mars au 1er janvier. Mais l'intercalation des jours supplémentaires en février étant laissés au libre arbitre des Pontifes dont les décisions étaient motivées, le plus souvent, par des considérations plus politiques qu'astronomiques, il en résultait un désordre tel que le calendrier romain n'était plus du tout en accord avec les saisons. En 46 av. J.-C., Jules César réforma ce calendrier avec l'aide de l'astronome grec Sosigène. Il commença par ajouter 90 jours pour ramener le calendrier en concordance avec les saisons : l'année 46 av. J.-C. comporta 445 jours. Puis Jules César introduisit un cycle de 4 ans au cours duquel les trois premières années contiendraient 365 jours et la quatrième 366 jours. Le jour supplémentaire fut ajouté au mois de février : on doubla le 24 février, sixième jour avant les calendes de mars, jour qui devint le *bis-sextus ante calendas Martias*, d'où les expressions année bissextile et jour bissexte. L'année 45 av. J.-C. marque le début du calendrier julien, dans lequel la durée de l'année des saisons est de 365,25 jours [(3x365 + 1x366) / 4]. Mais les Pontifes, ayant mal interprété l'édit de César, placèrent le jour bissexte tous les trois ans pendant 36 ans. Auguste, pour corriger l'erreur, ordonna la suppression de toute intercalation pendant 12 ans, se conférant au passage le nom d'un mois (*sextilis* devint *augustus*, août ; le mois de juillet, *julius*, ayant été donné en l'honneur de Jules César).

L'année julienne* de 365,25 jours est un peu trop longue par rapport à l'année tropique, d'environ 11 minutes. Ceci a entraîné une dérive de l'équinoxe de printemps de 1 jour en 128 ans par rapport aux saisons. Le calendrier julien, encore utilisé par l'Église orthodoxe, a actuellement un retard de 13 jours par rapport au calendrier grégorien.

Au début du XVIe siècle, l'équinoxe de printemps auquel est lié la date de Pâques, — la plus importante fête chrétienne —, tomba vers le 11 mars, alors que la date du printemps avait été fixée au IVe siècle par le Concile de Nicée au 21 mars. Le Concile de Trente chargea la papauté de régler le problème de la dérive devenue inacceptable du calendrier. Le pape Grégoire XIII, aidé d'une commission dont les astronomes Clavius (1538-1612) et Lilio (1510-1576) sont les plus célèbres, réalisa la réforme en 1582. Celle-ci consista dans un premier temps à supprimer 10 jours pour rétablir la coïncidence du début des saisons aux dates assignées : le lendemain du jeudi 4 octobre 1582 fut le vendredi 15 octobre 1582. Pour éviter que ne recommence la dérive du calendrier, il fut décidé de supprimer trois années bissextiles en quatre siècles : seules les années séculaires dont le millésime est divisible par 400 restent bissextiles. Ainsi 1700, 1800 et 1900 n'ont pas été bissextiles ; mais 2000 l'a été. De même 2100, 2200, 2300 ne seront pas bissextiles, mais 2400 le sera. Autrement dit, en 400 ans, il y a 303 années communes de 365 jours et 97 années bissextiles de 366 jours ; on en déduit donc que l'année grégorienne dure : [(303x365) + (97x366)] / 400 = 365,2425 jours.

Pour juger de la validité du calendrier grégorien, il convient de prendre en compte plusieurs effets. Tout d'abord, il est préférable de comparer l'année grégorienne à "l'année équinoxiale vraie", — c'est-à-dire au temps mis par le Soleil vrai pour revenir au point gamma vrai — plutôt qu'à l'année tropique. L'écart est faible actuellement entre ces deux années (environ 15 secondes) ; mais au cours des prochains millénaires, le calendrier grégorien sera moins erroné qu'on ne le dit généralement. À cela s'ajoute le ralentissement de la rotation de la Terre, bien que cela n'aura des effets sensibles que dans un grand nombre de siècles. On peut simplement dire qu'il serait prématuré de vouloir chiffrer dès maintenant tous ces effets qui ne deviendront sensibles que dans quelques millénaires.

Si la réforme grégorienne a été adoptée rapidement par les pays catholiques, il n'en fut pas de même pour les pays protestants et orthodoxes.

Le calendrier musulman est purement lunaire : il contient 12 mois qui comptent alternativement 30 et 29 jours, sauf le dernier mois qui peut comporter 29 ou 30 jours. L'année peut donc contenir 354 ou 355 jours : 33 années grégoriennes correspondent à 34 années musulmanes, puisque l'année contient 12 lunaisons + 10,875 jours. Ces années varient dans un cycle de 30 ans musulmans, qui comporte 10631 jours : 19 années de

▶ Les éléments du comput

Sur certains calendriers, on trouve mentionnés l'épacte, la lettre dominicale, le cycle solaire, le nombre d'or et l'indiction. Ces éléments sont ceux du comput ecclésiastique dont le but est de déterminer à quelle date tombe Pâques et de là les autres fêtes chrétiennes mobiles. Rappelons que Pâques est le dimanche suivant la Pleine Lune tombant immédiatement après le 21 mars : le dimanche de Pâques peut tomber entre le 22 mars et le 25 avril. Seules l'épacte et la lettre dominicale servent dans le calendrier grégorien à calculer Pâques, les autres éléments étant accessoires.

L'indiction est aujourd'hui désuète : à l'origine, aux IIIe et IVe siècles, c'est une période de 15 ans qui débute en 313 apr. J.-C. et au bout de laquelle on révise l'impôt foncier. Par la suite, c'est-à-dire jusqu'au Moyen Âge, l'indiction est devenue une indication chronologique, chaque année étant caractérisée par sa position dans le cycle de 15 ans.

Le cycle solaire est une période de 28 ans au bout de laquelle les jours de la semaine reviennent aux mêmes dates dans le calendrier julien. Dans le calendrier grégorien, le cycle solaire fonctionne encore sauf s'il est rompu par des années séculaires non bissextiles. Ainsi quelqu'un né un 23 avril en 1965 (cycle solaire 14), jour qui était un vendredi, a fêté ses 28 ans en 1993 également un vendredi. En 2021, le 23 avril est aussi un vendredi.

Le nombre d'or est l'appellation médiévale du cycle de Méton : c'est une période de 19 ans, dont on attribue la découverte à l'astronome Méton au Ve siècle av. J.-C. Au bout de 19 ans, soit 235 lunaisons, les phases de Lune reviennent à peu près aux mêmes dates, ce qui permet de prévoir longtemps à l'avance les phases de Lune. L'an 1 de notre ère est l'origine du cycle et son rang est 2. Ainsi la Lune étant pleine le 27 avril 2021, elle le sera à nouveau le 27 avril 2040.

L'épacte est l'âge de la Lune au 1er janvier diminué d'une unité. Elle varie de 0 (souvent noté *) à 29. La connaissance de l'épacte permet de calculer approximativement (à un ou deux jours près) l'âge de la Lune à une date quelconque. L'épacte permet surtout de trouver la Lune pascale.

Pour déterminer à quelle date tombe le dimanche suivant la Pleine Lune, on utilise la lettre dominicale. En affectant à chaque jour d'une année commune à partir du 1er janvier les lettres A, B, C, D, E, F, G et en recommençant la série lorsqu'elle est épuisée, les jours de même nom correspondent à la même lettre. La lettre dominicale est celle désignant les dimanches ; on affecte à chaque lettre un chiffre : A = 1, B = 2, C = 3, D = 4, E = 5, F = 6, G = 7 ou 0. Les années bissextiles ont deux lettres dominicales, une du 1er janvier au 29 février, l'autre à partir du 1er mars pour le reste de l'année ; pour le calcul de Pâques, on prend la seconde lettre. Par exemple pour l'année 2003, la lettre dominicale est E : cela signifie que le premier dimanche de l'année tombe le 5 janvier.

On dispose alors des éléments nécessaires à la détermination de la date de Pâques. Il existe de nombreuses formules, plus ou moins compliquées, plus ou moins fiables aussi, avec toujours des cas particuliers. En appelant P la date de Pâques, E l'épacte, et L le chiffre attribué à la lettre dominicale, on a :

$$P = 45 - E + [E + L + 1]_7$$

l'indice 7 signifiant qu'il faut prendre le reste de la division par 7 de la quantité entre crochets. Si $P > 31$, la différence $P - 31$ donne la date de Pâques en jour du mois d'avril. Sinon, c'est au mois de mars. On prend l'épacte E si elle est inférieure à 24, et cette épacte diminuée de 30 si elle est supérieure à 23. De plus, par exception, il faut, si l'épacte est 24, faire comme si elle était 25, et par suite prendre $E = -5$; si l'épacte est 25, il faut faire comme si elle était 26, et par suite prendre $E = -4$. Exemples :

Année 2021 : $E = 16$, $L = C = 3$; d'où $P = 45 - (16) + [16 + 3 + 1]_7 = 35$; donc Pâques est tombée le 4 avril en 2021.

Année 2035 : $E = 21$, $L = G = 0$; d'où $P = 45 - (21) + [21 + 0 + 1]_7 = 25$; donc Pâques tombera le 25 mars en 2035.

354 jours (années communes) et 11 années de 355 jours (années abondantes), soit une durée de l'année de 354 jours 8 h 48 m. La durée moyenne du mois est de 29 jours 12 h 44 m. Les années sont comptées depuis le 16 juillet 622 de l'ère chrétienne (1er Mouharram), jour de l'Hégire, fuite de Mahomet de La Mecque pour Médine. Le début du mois commence à la nouvelle Lune réellement observée, lorsqu'on voit, au coucher du Soleil, un mince croissant à l'horizon, ce qui peut entraîner un certain décalage avec le calendrier théorique.

Le calendrier hébraïque remonte pour sa forme actuelle au IVe siècle de notre ère. Il est luni-solaire : il assure une valeur moyenne du mois voisine de la lunaison et une durée moyenne de l'année voisine de l'année tropique. L'année se compose de 12 ou 13 mois lunaires comprenant 29 ou 30 jours ; l'année de 12 mois est dite commune, celle de 13 mois embolismique. De plus, chaque année varie de trois façons : l'année commune peut contenir 353 jours (défective), 354 jours (régulière) ou 355 jours (abondante). L'année embolismique offre les mêmes variations : 383 jours (défective), 384 jours (régulière), 385 jours (abondante). Les deux sortes d'années varient dans un cycle de 19 ans (cycle de Méton) qui comprend 235 lunaisons : 12 années communes et 7 embolismiques. Les années sont comptées depuis l'époque admise pour la création du monde, soit en 3762 av. J.-C. Le nouvel an (1er Tisheri) tombe toujours en septembre ou en octobre grégorien au moment du coucher du Soleil, instant du commencement du jour.

Ères

Dans l'Antiquité, de nombreuses ères ont cœxisté. Citons les olympiades, période de quatre ans utilisant la liste des vainqueurs des jeux Olympiques qui avaient lieu tous les quatre ans, la liste remontant jusqu'à 776 av. J.-C. Le système de datation le plus usité, surtout par les Romains, est le système éponyme, que l'on appelle aussi par consulat et années régnales. Un autre système bien connu, utilisée jusqu'au Moyen Âge, est celui de la fondation de Rome (*ab Urbe Condita*), qui selon l'historien Varron (116-27 av. J.-C.) correspond à l'année 753 av. J.-C.

Depuis le Concile de Nicée, qui s'était tenu en 325 en Asie Mineure sous l'autorité de Constantin, la querelle pascale était partiellement réglée, du moins en Orient. Rappelons qu'une des décisions de ce Concile était de fixer la date de Pâques, qui tombe le dimanche suivant la pleine Lune qui tombe après l'équinoxe de printemps. Ce même Concile avait prescrit pour le calcul de se soumettre à l'église d'Alexandrie, réputée en matière d'astronomie. Mais à Rome, on voyait la question sous un autre angle, et l'on ne voulait pas se plier aux décisions d'Alexandrie. Il y avait déjà une divergence au niveau du calendrier : les Alexandrins utilisaient leur propre calendrier dans lequel la date de l'équinoxe était fixée le 21 mars, alors que dans le calendrier julien, l'équinoxe était censé tomber le 25 mars. De plus, les Alexandrins utilisaient le cycle de Méton de 19 ans pour le calcul des phases de Lune tandis que les Romains utilisaient un cycle de 84 ans, dont les résultats différaient la plupart du temps du cycle de Méton. D'autres divergences, liées aux jours extrêmes de Pâques, faisaient qu'entre l'Occident et l'Orient, les dates de Pâques étaient parfois décalées d'un mois entier, ce qui était intolérable aux yeux de l'Église qui se voulait universelle. Aussi le Pape intervenait-il fréquemment pour régler à l'amiable des problèmes. Diverses tentatives furent faites pour concilier ces divergences. C'est au VIe siècle (en 526) qu'un moine, Denys-le-Petit, proposa une table pascale dans laquelle le décompte des années ne se faisait plus suivant l'ère de Dioclétien, mais depuis l'Incarnation du Christ. L'ère de Dioclétien, qui débute le 29 août 284 (et qui est toujours utilisée aujourd'hui par l'Église Copte), était en effet devenue le point de départ d'une table pascale d'un autre computiste réputé, Cyrille. Or Denys-le-Petit, en élaborant sa nouvelle table, ne voulait pas se référer au persécuteur de l'église chrétienne que fut Dioclétien (l'ère de Dioclétien fut appelée par la suite "l'ère des Martyrs").

Le propos n'est pas ici d'entrer dans les méandres des calculs qui ont servi à Denys-le-Petit à déterminer l'année de l'Incarnation à partir de la Bible, des Évangiles et d'autres documents, ni sur l'erreur qu'il a commise sur l'année de naissance du Christ (25 décembre de l'an 753 de la fondation de Rome), que l'on s'accorde aujourd'hui à placer 5 ou 7 ans plus tôt. D'ailleurs d'autres chroniqueurs avant lui s'étaient intéressés à cette question et avaient fait leurs propres calculs.

Toujours est-il que l'ère chrétienne va lentement supplanter toutes les autres ères ; son usage va se propager en Italie d'abord, puis en Angleterre grâce notamment à Bède le Vénérable (672-735). Son emploi dans les actes officiels fut assez tardif, et ce n'est qu'aux X-XIe siècles qu'il se généralisa en Occident, mais toujours très progressivement : l'Espagne l'adopta au XIVe siècle et la Grèce au XVe siècle. D'ailleurs pendant toute cette période, l'ère chrétienne continua d'être associée à d'autres systèmes comme les années régnales et les indictions. Le facteur le plus déterminant pour la diffusion de l'ère chrétienne a certainement été son rattachement au calcul de la date de Pâques.

Rappelons pour mémoire qu'il y eut une tentative d'abolir en France, après la Révolution, l'ère chrétienne. Dans sa séance du 5 octobre 1793, la Convention nationale décrète entre autres que « l'ère des Français compte de la fondation de la République, qui a eu lieu le 22 septembre 1792 de l'ère vulgaire », que « l'ère vulgaire est abolie pour les usages civils » et que « l'année est divisée en douze mois égaux de trente jours chacun, après lesquels suivent cinq jours pour compléter l'année ordinaire, et qui n'appartiennent à aucun mois ».

Ainsi donc, les Conventionnels ont non seulement voulu imposer un nouveau calendrier (le calendrier républicain en remplacement du calendrier grégorien) mais également une nouvelle ère (l'ère de la République en remplacement de l'ère chrétienne). L'échec de cette tentative de réforme du temps (abolie en 1805) montre bien la difficulté à imposer une nouvelle chronologie, d'autant plus que celle-ci repose sur un

▶ Lever héliaque et lever cosmique

On appelle "lever cosmique" le lever simultané du Soleil et d'une étoile. Ce lever ne concerne évidemment que certaines étoiles et dépend de la latitude du lieu. Par exemple à la latitude de Paris (ϕ = 48° 50′), l'étoile Aldébaran (α Taureau) a son lever cosmique le 10 juin actuellement ; l'étoile Sirius (α Grand Chien) a son lever cosmique le 10 août. On pourrait de la même façon définir un coucher cosmique.
Il va de soi que lors du lever cosmique, l'étoile est invisible ; la question est de savoir combien de temps après ce lever simultané l'étoile va redevenir visible dans l'aurore vers l'Est. C'est ce qu'on appelle le lever héliaque, c'est-à-dire la première apparition d'une étoile le matin à l'Est après une période d'invisibilité. Ce phénomène était important dans l'Antiquité, notamment dans l'Égypte ancienne où le lever héliaque de Sirius annonçait à une certaine époque les crues du Nil. En réalité, de nombreux facteurs interviennent dans le lever héliaque : hormis le fait qu'on suppose un horizon parfait, il faut prendre en considération l'éclat de l'étoile, sa couleur, la transparence de l'air, son écart angulaire avec le Soleil et surtout quelle hauteur on adopte pour voir l'étoile au-dessus de l'horizon et quelle hauteur on adopte pour le Soleil sous l'horizon. Par exemple à la latitude de Paris, si on estime que Sirius doit être à 2° au-dessus de l'horizon et le Soleil à – 5°, on trouve que le lever héliaque a lieu le 19 août.

héritage historique complexe et souvent très long.

Ce bref aperçu des ères et des calendriers ne doit pas faire oublier que l'on s'est limité ici à l'Occident. Il en existe bien d'autres (indien, tamoul, cambodgien, chinois...). De plus, près d'un siècle après la création de l'ère chrétienne, une autre ère fut inventée, avec un succès tout aussi considérable : l'Hégire. Utilisée par les Musulmans du monde entier, l'hégire débute le 16 juillet 622 apr. J.-C. lorsque Mahomet quitta La Mecque pour Médine.

Les astronomes modernes utilisent souvent dans leurs calculs une échelle de temps qui numérote sans discontinuité les jours. Ils ont emprunté à l'astronome du XVIe siècle Scaliger une période qu'il a inventée et qu'on appelle la période julienne (en référence au calendrier julien) : le point de départ est le lundi 1er janvier – 4712 à 12 h (soit 4713 av. J.-C.). Cette période julienne de 7980 années n'a rien d'astronomique : elle est le produit de l'indiction romaine (15) par le cycle solaire (28) par le cycle de Méton (19). Elle permet de calculer un intervalle de temps sans risque d'erreur même s'il couvre plusieurs calendriers. Ainsi le 1er janvier 2021 à 12 h, il s'est écoulé 2459216 jours juliens depuis l'origine.

C'est également à un astronome, Jacques Cassini (1677-1756), que l'on doit en 1740 d'avoir utilisé les années négatives. Pour les historiens, l'année qui précède l'an 1 apr. J.-C. est 1 av. J.-C., ce qui correspond pour les astronomes à l'an 0 (de même que 2 av. J.-C. correspond à l'an – 1). Le premier dira que Jules César est mort aux ides de mars en 44 av. J.-C., tandis que le second dira – 43.

Photo : Pleine Lune au-dessus de l'Aiguille du Midi, le 8 avril 2020 à 20 heures © Bernard Pollet.

Chapitre 3

La Lune

L'astre le plus proche de la Terre est aussi celui qui a le mouvement le plus complexe. Depuis les observations babyloniennes il y a 2500 ans jusqu'aux tirs laser actuels, la Lune n'a jamais cessé d'être étudiée par les astronomes. Pour celui qui la contemple de temps à autre, la Lune est une source d'interrogations : pourquoi voit-on toujours la même face ? Comment se fait-il qu'elle soit visible en plein jour ? Pourquoi change-t-elle d'aspect sous les tropiques ? Pourquoi la pleine Lune en été est-elle très basse sur l'horizon alors qu'elle est très haute en hiver ? D'où vient cette impression qu'elle semble très grosse à l'horizon ?

Mouvement de la Lune autour de la Terre

La Lune est le satellite naturel de la Terre. Son mouvement est très complexe car la Lune est soumise à l'action d'un corps perturbateur bien plus massif que la Terre : le Soleil. Il s'ensuit que la Lune est loin de suivre une orbite képlérienne autour de la Terre. On ne peut assimiler l'orbite lunaire à un arc d'ellipse que pour quelques heures seulement. L'orbite de la Lune se déforme en permanence : par exemple son excentricité varie de 0,045 à 0,065 (la valeur moyenne vaut 1 / 18) en 206 jours et son périgée (point de l'orbite le plus proche de la Terre) tourne dans le sens direct en un peu moins de 9 ans. Les principales perturbations du mouvement de la Lune, en plus de l'équation du centre, sont les suivantes : *l'évection*, découverte par Ptolémée au IIe siècle de notre ère ; la *variation* et l'*équation annuelle*, découvertes par Tycho Brahe au XVIe siècle.

Selon le repère que l'on adopte, on définit plusieurs types de révolutions de la Lune : sidérale, tropique, synodique, anomalistique, draconitique.

On appelle *révolution sidérale* l'intervalle **moyen** entre deux retours consécutifs de la Lune par rapport à un

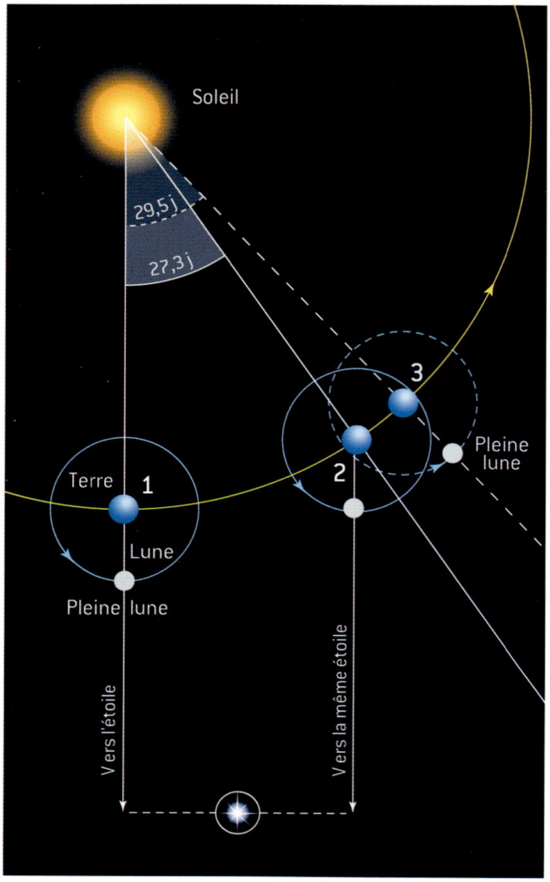

***Fig. 1** : Différence entre révolution sidérale et révolution synodique.*

repère fixe comme une étoile (**fig. 1**) ; elle vaut 27 jours 7 h 43 m 12 s. La Lune se déplace donc dans le ciel d'environ 13° vers l'Est par jour par rapport aux étoiles ; en une heure, elle se déplace de son propre diamètre, soit environ 30′. C'est donc un déplacement facilement observable, d'autant plus que la Lune peut passer devant des étoiles ou des planètes (voir plus bas le chapitre sur les occultations). La Lune tourne donc autour de la Terre en 27 jours 8 heures environ et non en 28 jours comme on l'entend souvent.

On appelle *révolution synodique** (du grec συνοδοσ, "chemin parcouru ensemble") l'intervalle **moyen** de temps entre deux conjonctions successives de la Lune avec le Soleil ; elle vaut 29 jours 12 h 44 m 3 s. Cette période est aussi appelée *lunaison* ou *mois lunaire*. Cela signifie que la Lune s'écarte d'environ 12° chaque jour vers l'Est par rapport au Soleil. En raison des grandes inégalités du mouvement de la Lune, la lunaison peut durer 29 jours 7 h à 29 jours 20 h.

On appelle *révolution anomalistique** l'intervalle **moyen** de temps entre deux passages de la Lune au périgée ; elle vaut 27 jours 13 h 18 m 33 s. Là encore, l'adjectif *moyen* prend toute son importance, car en raison des perturbations du Soleil sur l'orbite lunaire, l'intervalle entre deux passages de la Lune au périgée peut varier de 24 jours 16 h à 28 jours 13 h.

Enfin on appelle *révolution draconitique** l'intervalle **moyen** de temps séparant deux passages consécutifs de la Lune à son nœud ascendant ; elle vaut 27 jours 5 h 5 m 36 s.

Phases de Lune

La Lune est visible parce que éclairée par le Soleil ; depuis la Terre, elle présente donc des phases qui sont les différents aspects qu'elle prend au cours de sa révolution autour de notre planète. Pour expliquer l'apparence des phases, on considère que la Lune est un globe opaque dont la surface diffusante se trouve devant une source lumineuse (le Soleil) très éloignée. À un instant donné (**fig. 2**) le Soleil éclaire un on ne voit qu'un croissant. La zone de séparation entre l'ombre et la partie éclairée est appelée le terminateur.

La droite perpendiculaire à la ligne des cornes de la Lune (extrémités du terminateur) est dirigée selon le grand cercle qui passe par les centres de la Lune et du Soleil; ce grand cercle, qui diffère peu de l'écliptique, fait que la ligne des cornes de la Lune est généralement inclinée, bien que sous certaines conditions, les cornes puissent être horizontales (voir encadré "Aspect de la Lune à différentes latitudes").

Les quatre phases importantes de la Lune (**fig. 3**, page suivante) sont les syzygies* (nouvelle et pleine Lune) et les quadratures* (premier et dernier quartier).

Lorsque la Lune est en conjonction avec le Soleil, elle est située dans sa direction, de sorte qu'elle est invisible: c'est la nouvelle Lune (ou néoménie)①. Lune et Soleil ont alors la même longitude écliptique. La Lune se lève et se couche alors sensiblement en même temps que l'astre du jour. On ne commence à distinguer le croissant le Lune, après le coucher du Soleil, donc vers l'Ouest le soir, généralement 40 heures (dans nos régions) après la nouvelle Lune, ce qui représente une distance angulaire d'environ 20° entre le Soleil et la Lune. Le temps écoulé depuis l'époque de la nouvelle Lune est appelé "âge de la Lune" : l'âge varie de 0 à 29, la valeur 0 correspondant au jour civil de la nouvelle Lune.

Les jours suivants, la Lune devient visible de plus en plus tard après le coucher du Soleil, vers l'horizon Ouest ②. Comme la distance angulaire entre la Lune et le Soleil augmente, le croissant de Lune est plus large et plus lumineux.

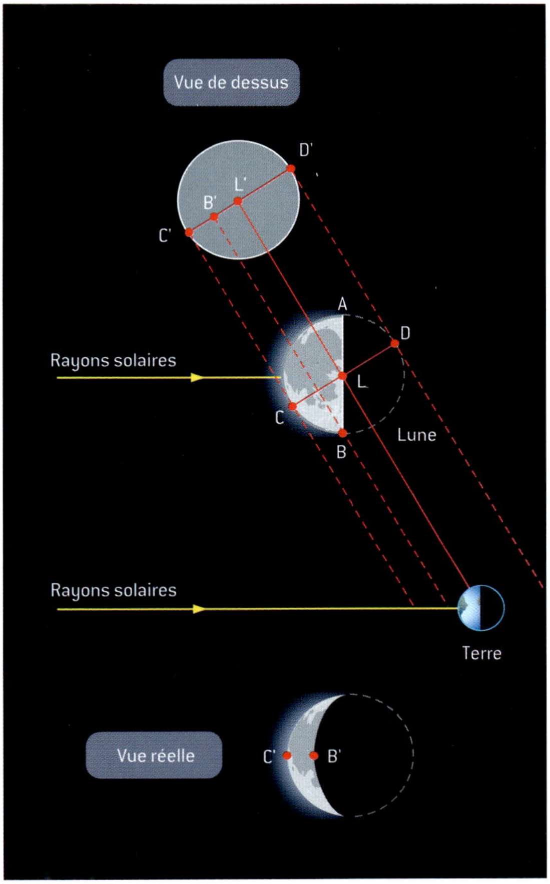

***Fig. 2** : Terminateur lunaire. Le globe lunaire, éclairé par le Soleil, est vu depuis la Terre sous la forme d'un croissant plus ou moins important. La zone séparant la lumière de l'ombre est le terminateur lunaire.*

hémisphère de la Lune perpendiculairement, limité par le grand cercle AB. Depuis la Terre, on ne voit que la partie limitée par le grand cercle CD. Pour représenter le disque lunaire vu de la Terre, on projette la Lune éclairée: D se projette en D', C en C', B en B'. Si maintenant on regarde cette projection telle qu'on la voit sur Terre, on constate qu'elle dessine une demi-ellipse dont la convexité est tournée vers le Soleil:

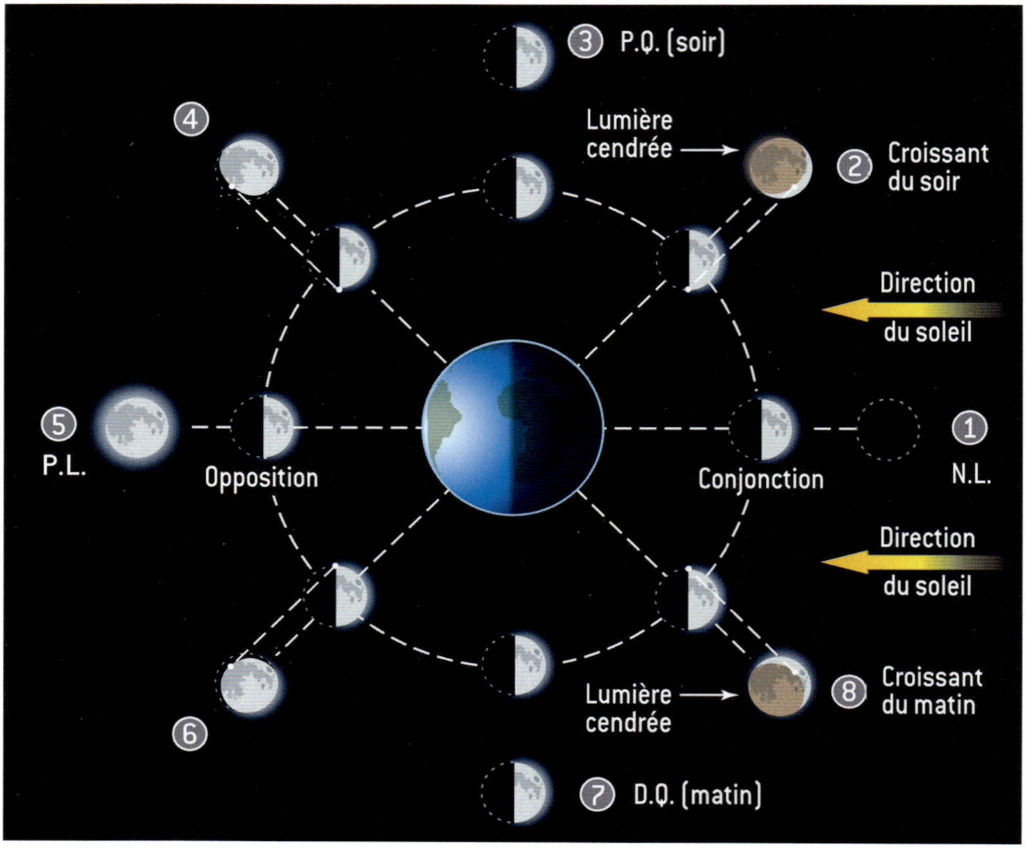

***Fig. 3** : Phases de la Lune.*

Sept jours environ après la nouvelle Lune, la Lune est en quadrature avec le Soleil : c'est le premier quartier ③. Les longitudes du Soleil et de la Lune diffèrent alors de 90°. On la voit passer sensiblement vers 18 h au méridien et elle reste visible environ 6 h après le coucher du Soleil, donc la première partie de la nuit. On voit alors la moitié du disque lunaire. C'est entre la nouvelle Lune et le premier quartier que l'on peut voir la lumière cendrée (voir **fig. 11** du présent chapitre).

Après le premier quartier, la Lune continue de s'écarter angulairement du Soleil ; on dit qu'elle est gibbeuse ④. Sept jours après le premier quartier, c'est la pleine Lune : Lune et Soleil sont alors en opposition, ce qui signifie que leurs longitudes diffèrent de 180° ⑤. La Lune se lève sensiblement lorsque le Soleil se couche puisqu'elle a 12 h de retard : elle culmine vers minuit et se couche le matin ; elle est donc visible toute la nuit ⑥.

Après la pleine Lune, c'est le déclin : la Lune se lève de plus en plus tard dans la nuit. On la voit le matin vers l'Ouest, lorsque le Soleil se lève. Puis sept jours après la pleine Lune, c'est le dernier quartier ⑦. Lune et Soleil sont à

▶ Aspect de la Lune à différentes latitudes

Il n'est pas rare que lors d'un voyage dans les zones tropicales, on voit la Lune sous un aspect très différent de celui que l'on observe dans nos régions : on peut voir la Lune le soir un peu avant le premier quartier se coucher vers l'horizon Ouest sous forme de "barque", c'est-à-dire avec ses cornes presque horizontales. Le même phénomène s'observe le matin, avant le lever du Soleil, vers l'horizon Est, entre le dernier quartier et la nouvelle Lune. Il s'agit-là d'un effet dû à la latitude géographique.

Supposons (**fig. 4**) que la Lune se meuve exactement sur l'écliptique, autrement dit que ce grand cercle soit perpendiculaire aux cornes de la Lune ; dans nos régions, l'écliptique est incliné d'environ 70° au maximum sur l'horizon. Mais dans les zones tropicales, l'inclinaison de l'écliptique peut atteindre 90°, c'est-à-dire être perpendiculaire à l'horizon : la latitude du lieu modifie l'inclinaison de l'écliptique. De sorte que la Lune se couche pratiquement verticalement, avec ses cornes en l'air ; d'où son aspect de barque. L'inclinaison peut même dépasser 90°, de sorte que le croissant de Lune est inversé par rapport à ce que voit un observateur situé en France. Bien entendu, le fait que l'orbite lunaire soit inclinée sur l'écliptique de 5° 09′ modifie quelque peu l'aspect de la Lune. La règle selon laquelle on reconnaît si la Lune est au premier ou au dernier quartier en faisant passer une droite par ses cornes (la Lune semble dessiner un P ou un D) n'est donc pas valable dans les zones tropicales et australes.

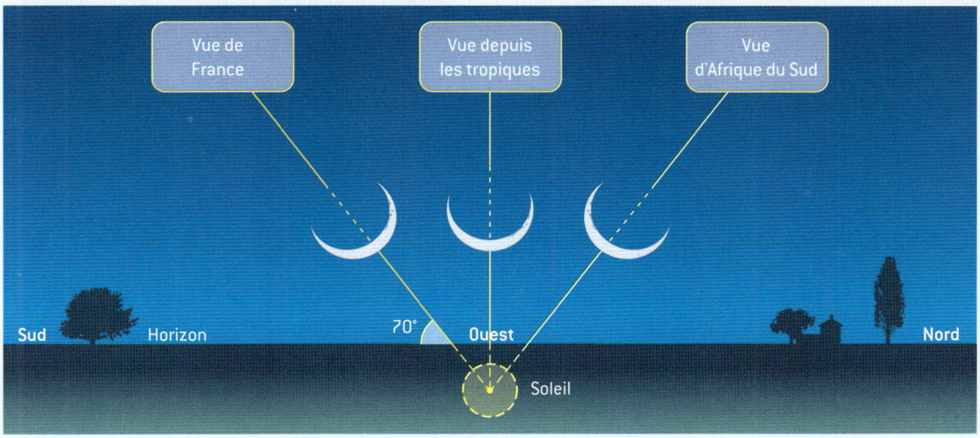

***Fig. 4** : Aspect du croissant de Lune en fonction de la latitude.*

nouveau en quadrature et l'on voit la moitié du disque lunaire. La Lune a alors 18 heures de retard sur le Soleil de sorte qu'elle passe au méridien lorsque le Soleil se lève.

La Lune se dirige ensuite vers la nouvelle Lune ; on peut à nouveau observer la lumière cendrée ⑧. On ne voit plus qu'un mince croissant le matin à l'Est, qui finit par disparaître.

Il est facile de constater que la Lune n'est pas seulement visible la nuit : on la voit aussi en plein jour ; c'est par exemple le cas entre le dernier quartier et la nouvelle Lune.

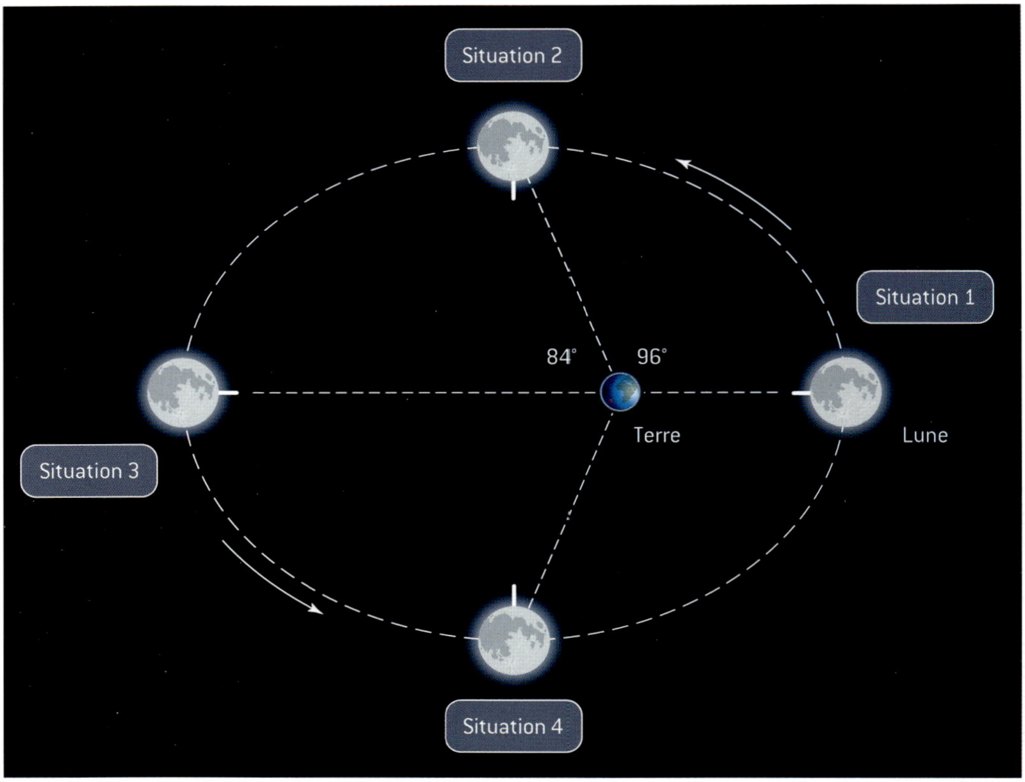

***Fig. 5** : Libration en longitude.*

Rotation de la Lune et librations

C'est un fait bien connu qu'on voit toujours la même face de la Lune. C'est la preuve que la période de révolution de la Lune autour de la Terre (révolution sidérale de 27 jours 7 h 43 m 12 s) est rigoureusement égale à la période de rotation de la Lune sur elle-même. Il a donc fallu attendre l'ère des satellites artificiels pour découvrir la face cachée de la Lune. Cette coïncidence si parfaite entre les deux périodes a des causes mécaniques dues aux marées (voir encadré "Rôle des effets de marée").

En fait, on arrive à voir près de 59 % de la surface de la Lune, car notre satellite présente des oscillations, appelées librations (du latin *librare* = osciller), dont les principales sont les suivantes :

Libration en longitude

La Lune décrit une orbite elliptique autour de la Terre ; ce qui signifie qu'en raison des lois de Kepler, elle se déplace plus vite lorsqu'elle est proche de la Terre (au périgée) et moins vite lorsqu'elle est loin (à l'apogée). Mais on a vu que la Lune tournait sur elle-même en 27 jours 8 heures. Ce qui va produire un balancement apparent de la Lune autour de son axe. Imaginons (**fig. 5**) que la Lune soit au périgée et que l'on repère au milieu de son disque une tache I

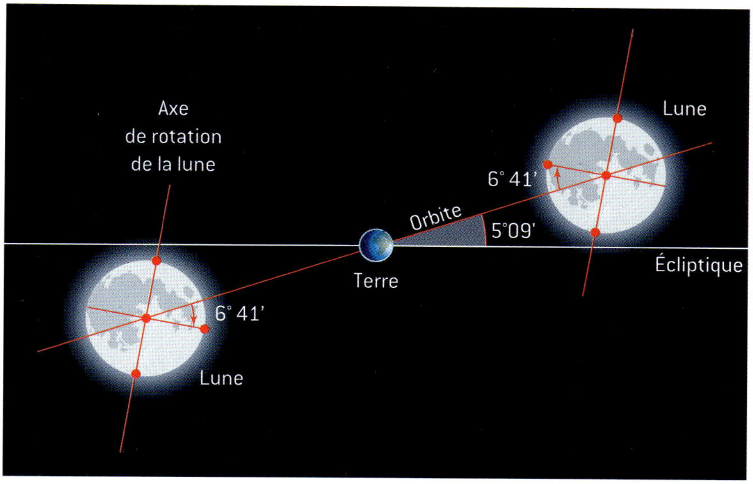

Fig. 6 : *Libration en latitude.*

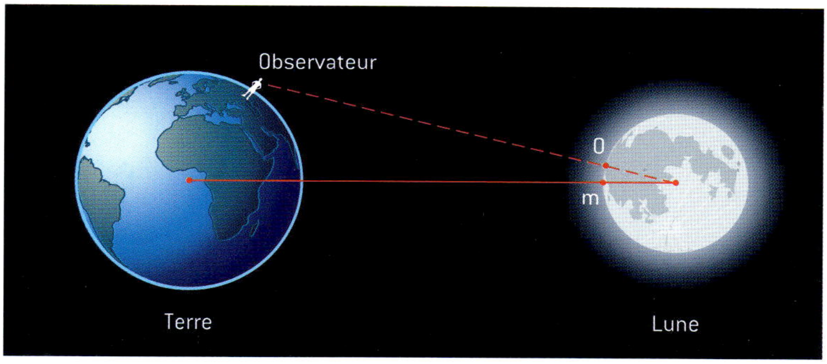

Fig. 7 : *Libration diurne.*

(situation 1). Un quart de révolution plus tard (6,83 jours), le globe lunaire a tourné de 90° (situation 2). Mais depuis le périgée, la Lune a parcouru 96°, de sorte que le point I paraît être un peu à l'Est.

Dans la situation 3, la Lune est à l'apogée : le point I a tourné de 90° et semble comme au périgée se trouver au milieu du globe lunaire.

Puis dans la situation 4, le point I a encore tourné de 90° mais la Lune sur son orbite n'a parcouru que 84° (en moyenne). Depuis la Terre, on aperçoit un peu plus la partie Ouest de la Lune.

Ce balancement de la Lune, ou libration en longitude, a une amplitude de l'ordre de ± 8°.

Libration en latitude

Tout comme la Terre a son axe de rotation incliné, la Lune a son axe incliné de 6° 41′ sur son orbite (**fig. 6**). Ce qui signifie que l'équateur lunaire ne coïncide pas avec le plan de l'orbite. En tournant autour de la Terre avec son axe incliné, on voit donc les deux pôles Nord et Sud de la Lune à environ 14 jours de distance. On a donc l'impression d'un balancement de notre satellite qui peut atteindre près de ± 7°.

Libration diurne

Tout ce qui vient d'être dit suppose que l'observateur soit au centre de la Terre.

Or, pour un observateur topocentrique (à la surface de la Terre) entraîné

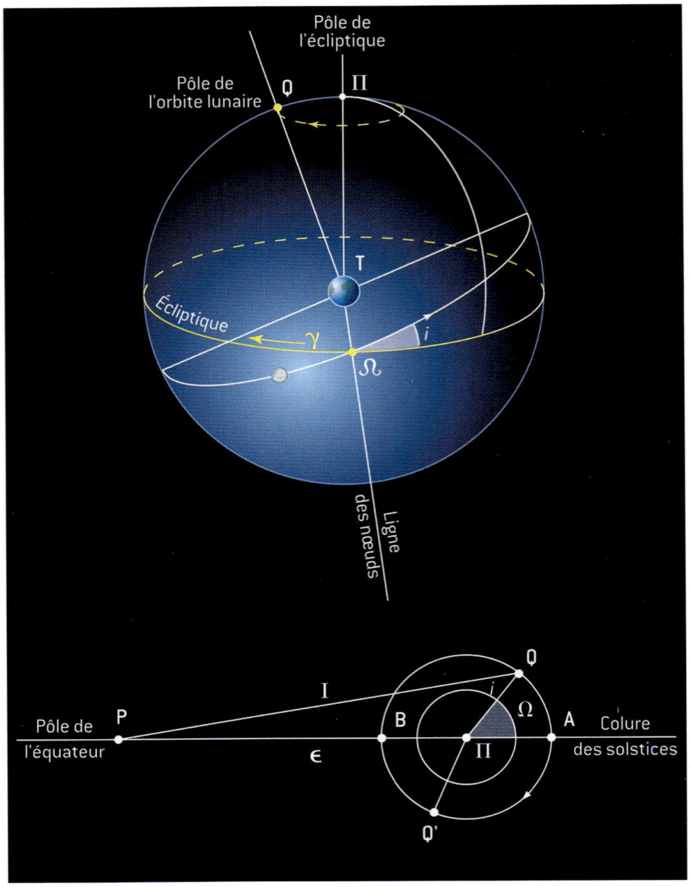

***Fig. 8* : Mouvement des nœuds de l'orbite lunaire. Le déplacement des nœuds lunaires par rapport au point vernal entraîne une variation des déclinaisons extrêmes de la Lune**

par la rotation terrestre, ce n'est pas toujours le même point de la surface de la Lune qui se projette sur le centre du disque (**fig.** 7, page précédente). Cette libration diurne peut atteindre 1°.

Inclinaison de l'orbite lunaire et mouvement des nœuds

Dès l'Antiquité, on a remarqué que l'orbite lunaire n'était pas confondue avec l'écliptique (sans quoi il y aurait éclipse de Soleil et de Lune chaque mois). L'orbite lunaire est inclinée en moyenne de 5° 09′ sur l'écliptique, l'inclinaison variant de 5° 00′ à 5° 18′ en 173 jours. Elle coupe l'écliptique en deux points, les nœuds : on distingue le nœud ascendant, où la Lune passe du Sud au Nord de l'écliptique, et le nœud descendant où la Lune passe du Nord au Sud de l'écliptique. La ligne qui joint les nœuds est appelée lignes des nœuds.

Les nœuds de l'orbite lunaire ne sont pas fixes : le Soleil exerce une action perturbatrice sur l'orbite lunaire qui a pour effet de faire tourner les nœuds sur l'écliptique dans le sens rétrograde (d'Est en Ouest) en 18,61 ans (6 798 jours). Ce qui signifie qu'en un an, les nœuds rétrogradent de 19° 20′ environ vers l'Ouest, ce qui est considérable. Le nœud ascendant de la Lune, dont la longitude (mesurée depuis le point vernal) est désignée par **Ω**, coïncidera avec le point vernal aux dates suivantes (sa longitude sera donc nulle) : 29 janvier 2025, 10 septembre 2043.

Une des conséquences de l'inclinaison de l'orbite lunaire sur l'écliptique (5° 18′ au maximum) se retrouve dans les déclinaisons extrêmes de notre satellite. La valeur maximale de la déclinaison de la Lune est égale à l'obliquité de l'écliptique plus l'inclinaison de l'orbite lunaire, soit 23° 26′ + 5° 18′ = 28° 44′ en valeur absolue. Les lieux extrêmes où la Lune peut passer au zénith sont ceux dont la latitude vaut ± 28° 44′. Il s'ensuit que la

▶ Éphémérides babyloniennes

Les Babyloniens utilisaient un calendrier lunaire. Le début du mois commençait lorsqu'on pouvait apercevoir le croissant de Lune, peu de temps après la conjonction avec le Soleil. Pour prévoir cette visibilité, les Babyloniens étaient confrontés au problème de l'élongation de la Lune au Soleil. Or celle-ci dépend de différents paramètres :

– d'une part il fallait connaître l'angle entre l'écliptique et l'horizon. À Babylone (latitude 32° 33′), l'inclinaison varie de 34° à 81°.

– d'autre part, la Lune ne se meut pas sur l'écliptique ; elle peut s'en écarter de ± 5° environ : c'est ce qu'on appelle la latitude écliptique de la Lune. Celle-ci dépend de la position du nœud de l'orbite lunaire.

Sur la **figure 9**, on voit bien qu'au printemps, l'écliptique fait un angle très important avec l'horizon, de sorte que la latitude de la Lune n'a que peu d'effet sur sa visibilité. Par contre en automne, l'écliptique est faiblement incliné sur l'horizon, de sorte que la latitude de la Lune joue un rôle déterminant.

Les astronomes babyloniens (aux IVe-IIIe siècles av. J.-C.) avaient mis au point des éphémérides donnant à l'avance pour chaque mois de l'année les paramètres permettant de prévoir la position de la Lune. Comme l'a judicieusement écrit l'historien des sciences Otto Neugebauer (1899-1990) à propos de la théorie de la Lune des Babyloniens, « l'une des réalisations les plus remarquables des sciences exactes de l'Antiquité est bien d'avoir reconnu l'indépendance de ces diverses influences, et d'avoir élaboré une théorie permettant la prévision de leur effet global ».

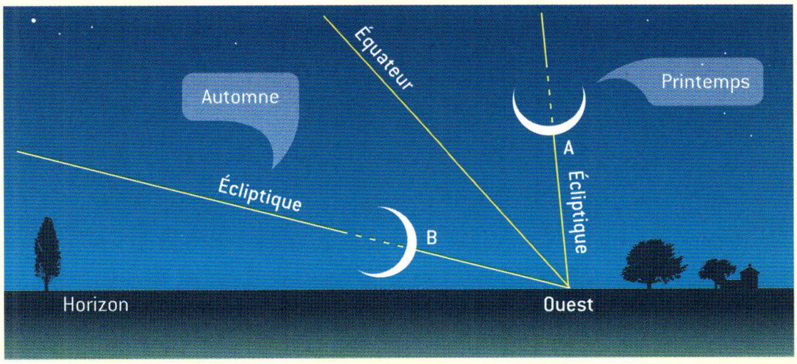

Fig. 9 **: *Visibilité du croissant lunaire au printemps et en automne peu après le coucher du Soleil selon l'inclinaison de l'écliptique.***

Lune peut devenir circumpolaire à certaines dates aux latitudes ± 61° 16′.

Mais ces déclinaisons ne sont pas atteintes chaque année, car elles dépendent de la position des nœuds de la Lune. La **figure 8** représente une partie de la sphère céleste où Π est le pôle Nord de l'écliptique, P le pôle Nord de l'équateur et Q le pôle Nord (moyen) de l'orbite lunaire. La distance angulaire ΠP est égale à l'obliquité de l'écliptique (PΠ appartient au colure des solstices), soit 23° 26′ actuellement. La distance angulaire ΠQ est égale à l'inclinaison i de l'orbite lunaire, soit 5° 09′ en moyenne. Le point Q tourne autour de Π en 18,61 ans : son mouvement traduit donc le mouvement de la ligne des nœuds de la Lune. L'angle **Ω** représente la longitude du nœud ascendant de la Lune. Quant à la distance PQ, elle correspond à l'inclinaison de l'orbite lunaire sur l'équateur céleste.

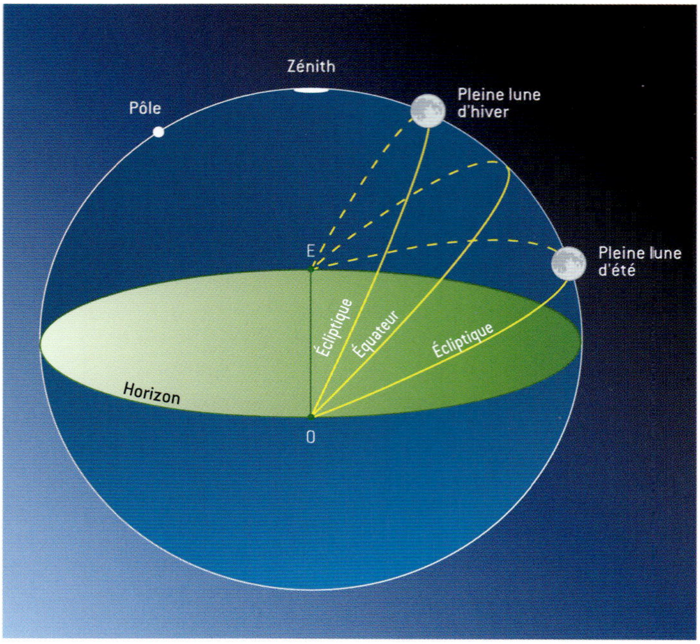

***Fig. 10** : Pleine Lune d'été et pleine Lune d'hiver. Lors de la pleine Lune d'hiver, la Lune occupe sensiblement la même position que le Soleil en été : elle est très haute dans le ciel. Inversement, lors de la pleine Lune d'été, la Lune est voisine de la position du Soleil en hiver : elle est alors très basse sur l'horizon.*

Lorsque Q est en A, la distance PQ vaut 23° 26′ + 5° 09′ = 28° 35′. Lorsque le point Q est en B, la distance PQ vaut 23° 26′ – 5° 09′ = 18° 17′. L'inclinaison de l'orbite lunaire varie donc de 28° 35′ à 18° 17′. Tous les 18,61 ans, le nœud ascendant de l'orbite lunaire passe par le point vernal (Ω = 0°) et le pôle Q est au point A du colure des solstices; la déclinaison de la Lune peut alors atteindre 28° 35′ lorsque sa longitude vaut 90° ou 270°. Neuf ans après environ, c'est le nœud descendant de l'orbite qui passe par le point vernal: le pôle Q se trouve en B (la déclinaison de la Lune n'atteint plus que 18° 17′).

En fait, l'inclinaison de l'orbite lunaire n'est pas constante et la rétrogradation des nœuds n'est pas uniforme. Le pôle Q de l'orbite lunaire représenté sur la figure est le pôle moyen; le pôle vrai Q' décrit autour de Q une nutation dont la période est de 173 jours et dont l'amplitude est d'environ ± 0° 09′. Voilà pourquoi l'inclinaison de l'orbite lunaire sur l'équateur peut atteindre au maximum en valeur absolue 28° 35′ + 0° 09′ = 28° 44′.

Passage au méridien et hauteurs de la Lune

Les importantes variations des éléments de l'orbite lunaire produisent des complications considérables lorsqu'on examine le mouvement de la Lune en déclinaison et en ascension droite. Les coordonnées équatoriales de la Lune subissent d'énormes variations d'un jour à l'autre, ce qui produit des phénomènes intéressants.

Si le temps solaire vrai oscille entre 23 h 59 m 39 s et 24 h 00 m 30 s, le jour lunaire varie dans des proportions bien plus importantes, puisqu'il peut passer de 24 h 38 m et 25 h 06 m en quelques jours; ceci est dû à la variation non-uniforme de l'ascension droite de la Lune. En moyenne, le jour lunaire dure 24 h 50 m; ce qui signifie que d'un jour à l'autre, le passage de la Lune au méridien retarde de 50 minutes en moyenne.

On ne s'étonnera donc pas que sur les calendriers ou des éphémérides, il y ait des jours où la Lune ne se lève pas ou ne se couche pas ou ne passe pas au méridien (notamment au voisinage de la pleine Lune).

Il est facile de constater que vers le solstice d'hiver, la pleine Lune culmine très haut dans le ciel, tandis que vers le solstice d'été, elle reste près de l'horizon (**fig. 10**). Posons d'abord que la Lune se meut sur l'écliptique ; vers le solstice d'hiver, la pleine Lune, opposée au Soleil (donc à 180°), occupe la position qu'a le Soleil au solstice d'été du 21 juin. Inversement vers le solstice d'été, la pleine Lune occupe la position qu'a le Soleil au solstice d'hiver (21 décembre). En réalité on l'a vu, l'orbite lunaire est inclinée sur l'écliptique ; de plus, en raison de la position des nœuds de l'orbite lunaire, la déclinaison de la Lune peut varier considérablement. Par exemple à Paris (ϕ = 48° 50′), la hauteur de la pleine Lune au solstice d'hiver peut atteindre près de 70° et seulement un peu plus de 12° au solstice d'été.

Les Lunes curieuses

Lune rousse

Pour les astronomes, la Lune rousse n'a rien d'astronomique puisqu'il s'agit d'un phénomène météorologique. Ce qu'on appelle Lune rousse est la pleine Lune de la fin avril et du début de mai. À cette période, on a, certaines années, des gelées tardives par des nuits claires sans nuage. Rien ne s'oppose alors à ce que le sol restitue librement la chaleur qu'il a retenu dans la journée. De sorte que les jeunes pousses de plantes gèlent et roussissent. Dans les campagnes, on attribue ce roussissement à la Lune, bien visible alors dans le ciel transparent. Il va s'en dire que le roussissement des plantes se produit même si la Lune est absente.

Il ne faut pas confondre la Lune rousse avec la coloration rousse qu'elle prend parfois quand elle se lève à l'horizon et qui est due à l'épaisseur de l'atmosphère que traverse sa lumière.

Lune ecclésiastique

Lorsque fut fixée en l'an 325 la règle de Pâques, qui est le dimanche qui suit la quatorzième nuit de lunaison qui tombe après l'équinoxe du 21 mars, naquit la notion de comput ecclésiastique, dont l'objet est le calcul de la date de Pâques à laquelle sont rattachées les fêtes religieuses mobiles. Il existe un comput julien, en vigueur jusqu'en 1582 et encore utilisé par les chrétientés orientales, et un comput grégorien appliqué depuis 1583.

Dans ce dernier, l'âge de la Lune est déterminé par l'épacte : c'est l'âge de la Lune au 1er janvier diminuée d'une unité. L'épacte varie de 0 à 29 et augmente en général de onze d'une année à l'année suivante. La connaissance de l'épacte permet de calculer approximativement l'âge de la Lune à un ou deux jours près. On en voit immédiatement l'application pour Pâques : l'épacte sert à déterminer la date de la pleine Lune pascale. Mais il est bien évident que les astronomes de la réforme grégorienne de 1582, notamment l'astronome allemand Christopher Clavius (1538-1612), se sont basés sur une Lune moyenne, et à l'époque il ne pouvait en être autrement : bien que les paramètres pour le calcul de Pâques, qui sont très corrects, soient issus des tables planétaires coperniciennes, notamment des *Tables Pruténiques* d'Érasme Reinhold (1511-1553), la théorie de la Lune au XVIe siècle est encore incertaine, et selon

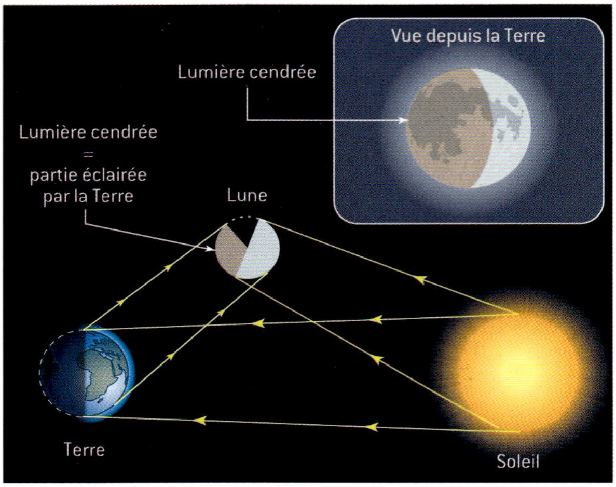

Fig. 11 *: Principe de la lumière cendrée. Une partie des rayons du Soleil est réfléchie par les océans de la Terre vers la Lune, ce qui permet d'éclairer sa face obscure.*

les tables considérées, des écarts peuvent apparaître. Or il était important à l'époque de prévoir à l'avance — sous-entendu sur plusieurs siècles — et avec certitude la date exacte Pâques, d'où découlent toutes les autres fêtes mobiles qui rythmaient la vie.

Il n'en reste pas moins que la Lune ecclésiastique se rapproche de ce que les astronomes qualifient de Lune moyenne, c'est-à-dire d'une Lune débarrassée de ses inégalités. Il en résulte que la Pleine Lune pascale peut tomber un jour ou deux jours avant ou après la Lune vraie. L'astronome François Arago (1786-1853) cite dans son *Astronomie populaire* un exemple (Livre XXXIII, p. 704) : en 1818, Pâques fut célébrée le 22 mars. Or la pleine Lune tombait le 22 mars, de sorte que Pâques aurait dû être célébrée le 29 mars.

Lune des moissons

On a remarqué en Angleterre que vers l'équinoxe d'automne, époque de la moisson, la Lune pleine se lève pendant plusieurs jours à la même heure, alors que le reste de l'année, la différence entre deux levers successifs dépasse plus d'une heure. On peut résumer cette particularité, dont l'explication en détail sort du cadre de cet ouvrage, en disant qu'à certaines époques, le retard d'un jour à l'autre du lever de la Lune est contrebalancé par un effet dû à la latitude très boréale du lieu (comme le nord de l'Ecosse) et se traduit par cette curiosité.

Lune près de l'horizon

Tout le monde a déjà constaté qu'au ras de l'horizon, la Lune semble plus grosse. Il s'agit en réalité d'une illusion d'optique : lorsque la Lune est haute dans le ciel, il n'y a aucun repère terrestre à proximité ; tandis que si la Lune est au ras de l'horizon, elle se trouve au-dessus d'immeubles ou d'arbres ou encore d'édifices nécessairement très éloignés. On a alors tendance à comparer la Lune à des objets de dimensions apparentes très petites, d'où une surestimation de son diamètre.

Lumière cendrée

Quelques jours avant et après la nouvelle Lune, en dehors du croissant très fin et lumineux de la Lune, on voit le disque entier de notre satellite, avec une teinte grisâtre : c'est la lumière cendrée. Il s'agit tout simplement de la lumière provenant du Soleil et qui est réfléchie par la Terre vers la Lune (**fig. 11**). On sait que Kepler et Galilée connaissaient la véritable cause de la lumière cendrée, et c'est semble-t-il à Léonard de Vinci que l'on doit pour la première fois l'explication correcte du phénomène.

▶ Mesure de la distance Terre-Lune dans l'Antiquité

Aristarque de Samos (310-230 av. J.-C), dans son ouvrage, *Des dimensions et des distances du Soleil et de la Lune*, utilise une méthode pour calculer la distance Terre-Lune qui sera perfectionnée plus tard par Hipparque, ce dernier bénéficiant dans ses calculs d'un outil puissant qu'il venait d'inventer, la trigonométrie. La méthode d'Aristarque pour déterminer la distance Terre-Lune est assez complexe et fait appel à des séries successives d'encadrements. Il ne présente d'ailleurs pas ses résultats en termes de valeurs absolues, mais sous forme de proportions. Il est même fort probable que certaines valeurs numériques utilisées soient théoriques, un peu comme dans un exercice mathématique auquel on attacherait plus d'importance à la démonstration qu'au résultat.
Pour simplifier considérablement et en utilisant des valeurs correctes, on part du principe que la Lune, lors d'une éclipse de Lune, est contenue trois fois environ dans le cylindre d'ombre que projette la Terre en opposition au Soleil (**fig. 12**). Le diamètre de la Lune est alors égal à un tiers de celui de la Terre (0,27 fois précisément). Sachant que la Lune se présente dans le ciel sous un angle de 0° 31′ en moyenne, et qu'il faut s'éloigner d'une distance égale à 111 fois son diamètre pour la voir sous un tel angle, on en déduit que la Lune se trouve à 30 diamètres terrestres, soit 60 rayons terrestres.

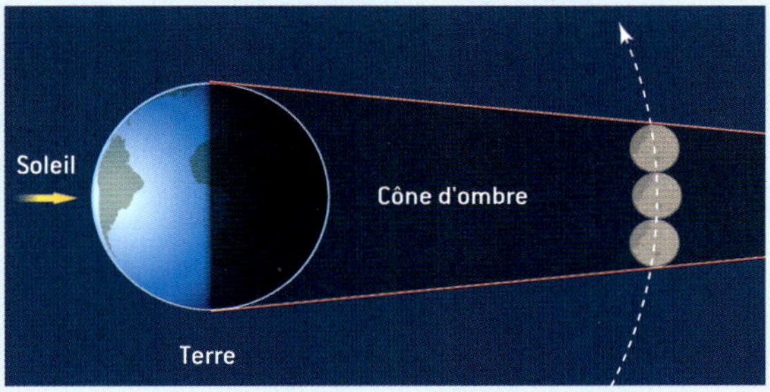

***Fig. 12** : Principe de la détermination de la distance Terre-Lune lors d'une éclipse totale de Lune.*

En général, la lumière cendrée est plus facilement observable le soir (après la nouvelle Lune) de décembre à juin ; tandis que de juin à décembre, c'est le matin (avant la nouvelle Lune) qu'elle est le mieux visible.

Distance Terre-Lune

La Lune est le seul astre dont on connaisse depuis l'Antiquité la distance avec une bonne valeur.

La parallaxe p de la Lune est l'angle sous lequel on voit, depuis le centre de la Lune, le rayon équatorial R de la Terre (**fig. 13**). Si D est la distance Terre-Lune, on a : $R/D = \sin p$.

La valeur moyenne de la parallaxe est de 0° 57′, ce qui donne une distance Terre-Lune de 384 000 km en moyenne, soit environ 60 rayons terrestres. En raison de l'excentricité importante de l'orbite lunaire, la parallaxe varie de 0° 54′ à 1° 02′. La distance Terre-Lune peut donc varier de 356 500 km au périgée à 406 710 km environ à l'apogée.

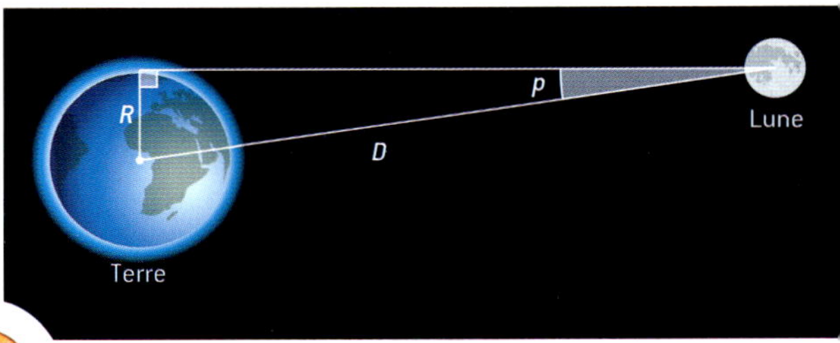

***Fig. 13** : Principe de la parallaxe de la Lune.*

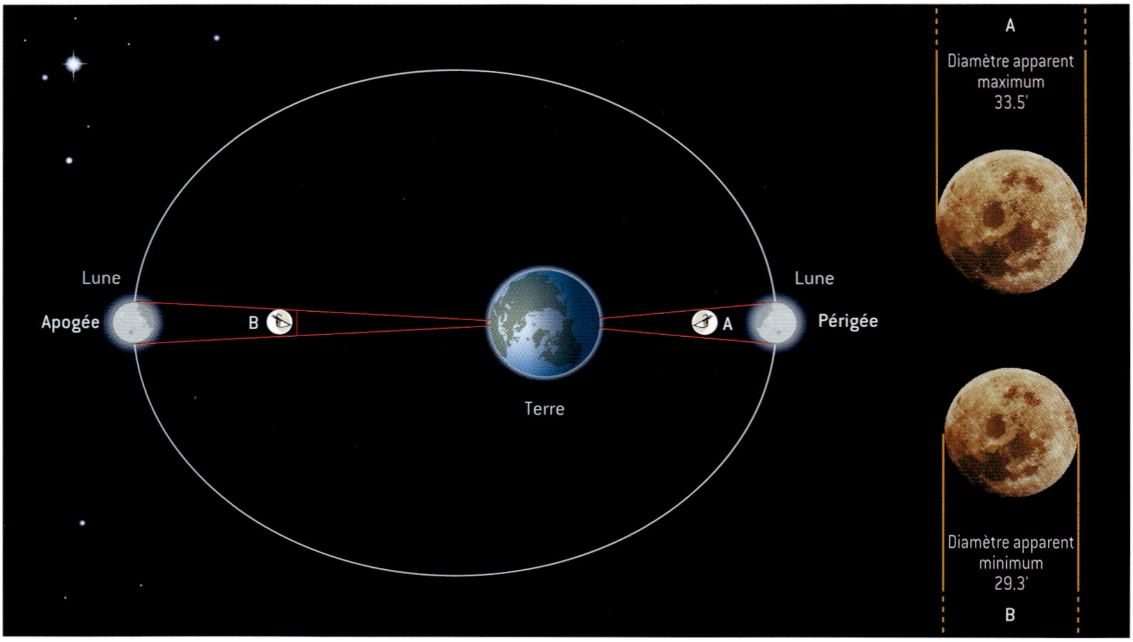

***Fig. 14** : Variation du diamètre apparent de la Lune en fonction de la distance Terre-Lune.*

Connaissant la distance Terre-Lune, on déduit facilement le diamètre apparent de la Lune : si s est le demi-diamètre apparent de la Lune de rayon r, on a $r / D = \sin s$. La valeur moyenne du diamètre apparent est 0° 31′ 4″ (**fig.** 14). Comme la distance Terre-Lune varie, le diamètre apparent varie de 0° 29′ 24″ à l'apogée à 0° 33′ 28″ au périgée. Rappelons pour mémoire que le diamètre apparent du Soleil varie de 32′ 32″ à 31′ 28″; ce qui signifie que la Lune, vue de la Terre, peut complètement recouvrir le Soleil.

Notons que la parallaxe et le demi-diamètre de la Lune sont liés par la relation : $R / \sin p = r / \sin s$.

La distance Terre-Lune est aujourd'hui très bien connue grâce aux tirs laser qui sont effectués depuis certains observatoires sur des réflecteurs placés par les missions Apollo sur la Lune ; la précision est de quelques centimètres.

Les marées

Les marées océaniques sont des mouvements de la mer sous l'effet des accélérations dues à la Lune et au Soleil. La loi de la gravitation universelle dit que la force d'attraction est inversement proportionnelle au carré des distances. Donc une goutte d'eau située à la surface de la Terre "sous" la Lune est soumise à une force plus grande qu'une particule de même masse située au centre de la Terre. Autrement dit, la goutte d'eau va s'écarter du centre de la Terre et se soulever. Si la goutte d'eau est située à l'opposé de la Lune, il est évident qu'elle sera soumise à une force plus faible qu'une goutte d'eau située au centre de la Terre et qu'elle se soulèvera aussi. On aura donc deux hautes mers opposées (**fig.** 15).

Supposons que la Terre soit sphérique et uniformément recouverte d'eau ; sous l'effet de la force de marée, l'eau va prendre la forme d'une bourrelet elliptique qui va faire le tour de la Terre en 24 h 50 m (intervalle moyen entre deux passages de la Lune au méridien). En conséquence, il y aura deux hautes mers par jour en un lieu donné (on verra par la suite qu'il ne peut y avoir qu'une seule haute mer par jour).

Comme la force de marée est due à la différence entre l'attraction de la Lune sur la goutte d'eau et l'attraction de la Lune sur l'ensemble de la Terre, cette force est inversement proportionnelle au cube de la distance Terre-Lune (384 000 km en moyenne). C'est pourquoi l'effet de marée dû au Soleil est plus petit que celui de la Lune (distance Terre-Soleil = 150 millions de km). On démontre que sur une particule de masse unité située à la surface de la Terre et "sous" la Lune, la force de marée f est :

$$f = 2GmR/d^3$$

où G est la constante de gravitation universelle ($6{,}67259 \times 10^{-11} m^3kg^{-1}s^{-2}$), m la masse de la Lune ($73{,}5.10^{21}$ kg), R le rayon de la Terre (6 378 000 m), et d la distance Terre-Lune (384 000 000 m). On obtient $f = 1{,}105.10^{-6} m.s^{-2}$. Comparons maintenant cette force de marée avec le poids de la particule d'eau, c'est-à-dire la force d'attraction F de la particule par la Terre. On a :

$$F = GM/R^2$$

où M est la masse de la Terre. En faisant f/F, on trouve : $f/F = 2(m/M)(R/d)^3$; $m/M = 0{,}0123$ et $R/d = 0{,}0166$.

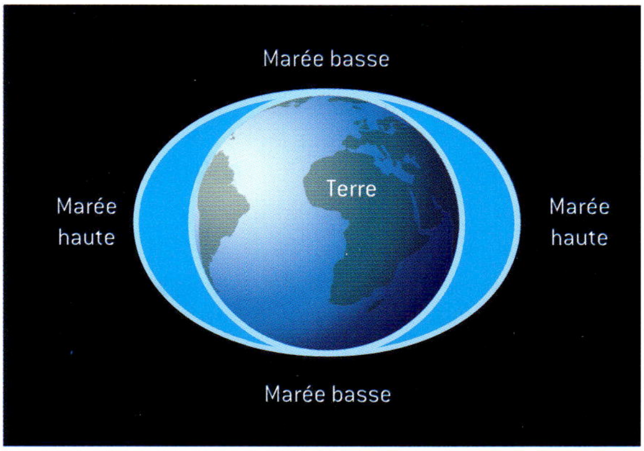

***Fig. 15** : Marées océaniques. En théorie, la Terre recouverte d'une pellicule d'eau et soumise à l'attraction de la Lune aurait deux bourrelets (haute mer) opposés.*

Le rapport f/F est égal à environ un dix millionième : la force de marée est donc très faible devant la pesanteur, mais elle suffit à créer ces marées spectaculaires. Il est évident que la Terre exerce sur la Lune des marées, mais comme sa surface est aujourd'hui solide et dépourvue d'eau, il n'en résulte aucun phénomène notable à l'heure actuelle.

Si les marées constituent la preuve de l'influence de la Lune sur la Terre, il ne faudrait pas en déduire pour autant que la Lune "influence" aussi les êtres humains. On peut comparer l'effet de marée exercé par la Lune sur une personne et celui produit par une voiture (m = 1000 kg) passant à 5 mètres d'elle. En prenant R = 10 cm de rayon pour la personne, on obtient :

– effet de marée dû à la Lune :
$f = 1{,}732.10^{-14}$ m.s^{-2}
– effet de marée dû à la voiture :
$f = 1{,}07.10^{-10}$ m.s^{-2}

L'effet de marée produit par la voiture est plus important que celui

▶ Rôle des effets de marée

Les marées océaniques, dues à l'attraction de la Lune et du Soleil, provoquent un ralentissement de la rotation de la Terre sur elle-même, – l'eau frottant sur les fonds marins –, ainsi qu'une augmentation de la distance Terre-Lune. Il existe aussi des marées continentales : le sol se soulève de 30 cm périodiquement près de l'équateur.

Afin de comprendre comment évolue le couple Terre-Lune, faisons un rappel de mécanique (**fig. 16**). Supposons que la Lune décrive un cercle autour de la Terre : le moment cinétique orbital de la Lune est alors le produit $m \cdot r \cdot v$, m étant la masse de la Lune, r la distance Terre-Lune et v la vitesse de la Lune autour de la Terre. Pour le système Terre-Lune, le moment cinétique total est la somme du moment cinétique de la rotation propre de la Terre, le moment cinétique de la rotation propre de la Lune, et le moment cinétique orbital du couple Terre-Lune. Supposons également que le système Terre-Lune soit isolé; dans ce cas, le moment cinétique total est constant.

Sous l'effet des marées océaniques, la rotation de la Terre sur elle-même ralentit, et donc son moment cinétique diminue. Or en vertu de ce qui a été dit, cela implique que le moment cinétique orbital de la Lune augmente. Le seul moyen pour augmenter le moment orbital de la Lune est que celle-ci s'éloigne de la Terre. En effet, d'après la troisième loi de Kepler, on a $r^3 / T^2 = K$, K étant une constante et T étant la période de révolution de la Lune. Or on sait que $T = 2\pi r / v$, d'où $rv^2 = 4\pi^2 K$, soit en multipliant chaque membre par r, $r^2v^2 = r4\pi^2K$. Le premier membre de cette égalité est le carré du moment cinétique : puisqu'il doit augmenter, c'est que le deuxième membre doit lui aussi augmenter. Donc r augmente et par conséquent la Lune s'éloigne de la Terre.

Chaque année, la distance Terre-Lune augmente de presque 4 cm ; cela va encore durer des millions d'années, la Terre ralentissant de plus en plus. Il va arriver un moment où la Terre tournera sur elle-même avec la même période que la révolution de la Lune autour de la Terre : la Terre présentera alors toujours la même face à la Lune. Remarquons que ce système ne sera pas stable puisque les marées solaires viendront perturber le couple.

Voyons maintenant pourquoi la Lune présente la même face à la Terre. Il n'y a jamais eu d'eau sur la Lune ; mais alors qu'elle était très jeune, donc très chaude et donc très plastique, les marées provoquées par la Terre sur le magma lunaire ont frotté sur les couches profondes et ralenti la Lune jusqu'à rendre synchrone sa révolution orbitale et sa rotation propre. Cette stabilisation a dû prendre des millions d'années. Remarquons que pratiquement tous les satellites de planètes du système présentent leur même face à la planète mère : c'est par exemple le cas des célèbres quatre satellites galiléens de Jupiter.

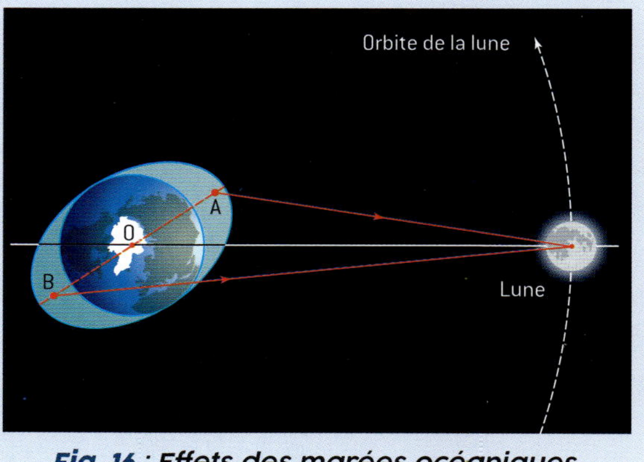

***Fig. 16** : Effets des marées océaniques. Lorsque la mer est haute au point A, la Lune est déjà passée au méridien depuis plusieurs heures. Le couple de force qui en résulte s'exerce sur le bourrelet liquide : par frottement sur le fond de l'océan, la masse d'eau a tendance à freiner la rotation de la Terre sur elle-même.*

produit par la Lune. Mais ce calcul n'a en fait aucun sens physique, car l'effet de marée produit par la voiture est contrebalancé par les bâtiments qui se trouvent par exemple autour de la personne. Ces effets sont de toute façon négligeables devant l'accélération de la pesanteur terrestre.

En plein océan, les marées sont faibles : une dizaine de centimètres seulement. Mais près des côtes, en raison du relief, le marnage (différence entre la haute et la basse mer) devient important. En outre, un autre phénomène intervient : la résonance du bassin qui conditionne l'onde de marée (diurne, semi-diurne, etc). Ainsi dans le golfe du Tonkin, il n'y a qu'une seule marée en 24 h 50 m. À Southampton en Angleterre, il y a deux pleines mers séparées d'une heure et demie ; puis 6 h 12 m plus tard se produit une basse mer, et 6 h 12 m plus tard encore une double pleine mer. En revanche, dans les mers fermées (Mer Noire et Méditérannée), les marées sont faibles. Dans les zones où les marées de type semi-diurne dominent (cas des côtes françaises où l'on a deux hautes mers et deux basses mers en 24 h), les marées d'équinoxes sont les plus importantes.

Chapitre 4

Les éclipses

Les éclipses de Soleil et de Lune sont un des plus beaux phénomènes astronomiques que nous offre la Nature. Leur mécanisme peut se réduire à un problème d'ombre et de pénombre et dès l'Antiquité, on savait les prédire. On doit se souvenir que par un hasard extraordinaire, le Soleil et Lune se présentent à nous sous le même diamètre apparent, ce qui rend possible l'existence des éclipses totales de Soleil. Mais il arrivera un temps – dans des millions d'années – où ce genre de phénomène ne sera plus possible, la Lune s'étant trop éloignée de notre planète.

Il y a éclipse de Lune lorsque la Terre porte ombre sur la Lune. Il y a éclipse de Soleil lorsque la Lune porte ombre sur Terre. Dans le premier cas, la Lune pénètre complètement ou en partie seulement dans le cône d'ombre de la Terre. Dans le second cas, on voit, depuis la Terre, la Lune recouvrir en tout ou en partie le disque solaire; on devrait d'ailleurs plutôt parler dans ce cas d'occultation du Soleil par la Lune.

Les éclipses ont lieu lorsque la Lune est en syzygie* (nouvelle Lune et pleine Lune); il faut alors que le Soleil, la Terre et la Lune soient pratiquement alignés. Pour un observateur terrestre, cela signifie que le Soleil se déplaçant sur l'écliptique, une éclipse de Soleil par exemple ne peut avoir lieu que si la Lune se trouve aussi très près de l'écliptique. En d'autres termes, le Soleil, comme la Lune, doit se trouver près d'un nœud de l'orbite lunaire (**fig. 1** et **fig. 2**, page suivante). Or le Soleil franchit les deux nœuds lunaires tous les 173,31 jours (1 année draconitique = 346,62 jours), ce qui signifie que tous les six mois environ, on a obligatoirement une éclipse de Soleil, suivie ou précédée d'une demi-lunaison par une éclipse de Lune. Il est important de noter que si la Lune franchit ses deux nœuds chaque mois — elle est alors située sur l'écliptique —, elle ne peut pas être nouvelle (ou pleine)

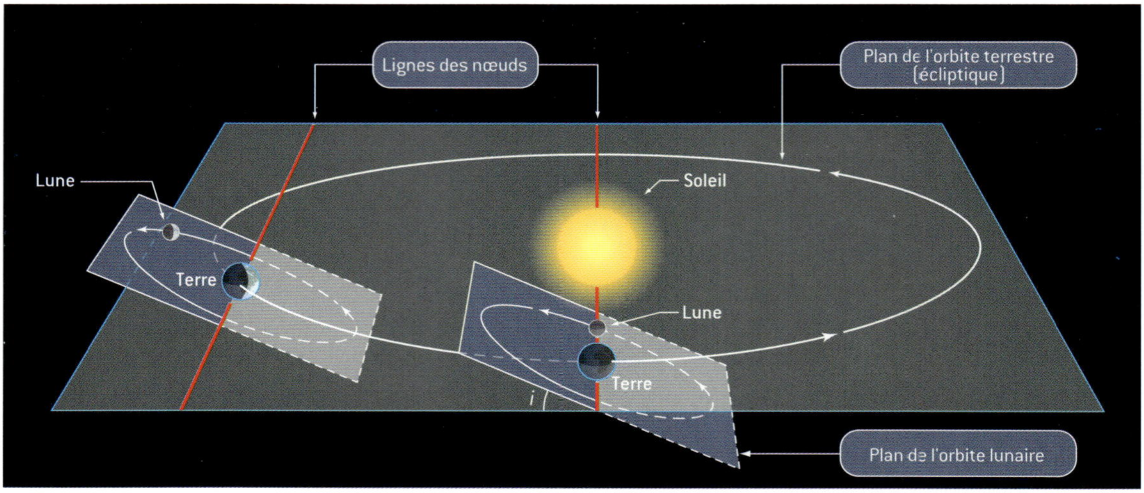

***Fig. 1** : Vision héliocentrique des nœuds de l'orbite lunaire.*

à cet instant sans que le Soleil soit présent. Mais la plupart du temps, la Lune est nouvelle ou pleine sans être voisine d'un nœud. Au cours d'une année, le nombre d'éclipses est d'au moins 4 (2 de Soleil et 2 de Lune) et au maximum de 7 (2 de Soleil et 5 de Lune, 5 de Soleil et de 2 de Lune, 4 de Soleil et 3 de Lune, 3 de Soleil et 4 de Lune).

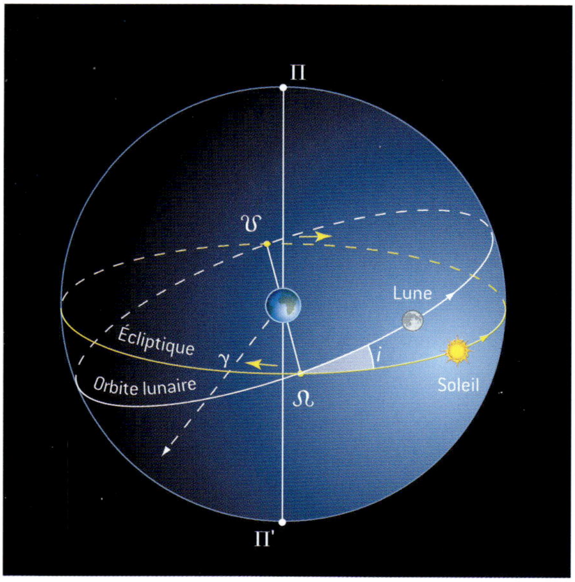

***Fig. 2** : Mouvement de rétrogradation des nœuds de l'orbite lunaire sur l'écliptique.*

Les nœuds lunaires, on l'a vu, ne sont pas fixes puisqu'ils se déplacent d'environ 19° vers l'Ouest sur l'écliptique en un an. En combinant le mouvement des nœuds et le retour des phases de Lune, on constate que les éclipses avancent d'une année sur l'autre de 11 jours. Bien entendu, si une éclipse a lieu au nœud ascendant, l'éclipse qui a lieu 15 jours plus tard a lieu au nœud descendant (et inversement).

Éclipse de Lune

Une éclipse de Lune a lieu nécessairement à la **pleine Lune** : celle-ci est alors en opposition avec le Soleil (**fig. 3**). Mais il n'y a pas éclipse de Lune à chaque pleine Lune car comme on l'a vu, notre satellite a une orbite inclinée d'environ 5° sur l'écliptique. Examinons d'abord les dimensions du cône d'ombre de la Terre en calculant ses dimensions (**fig. 4**).

Le cône d'ombre de la Terre est tangent au Soleil (de centre S) et à la Terre (de centre T), que l'on supposera

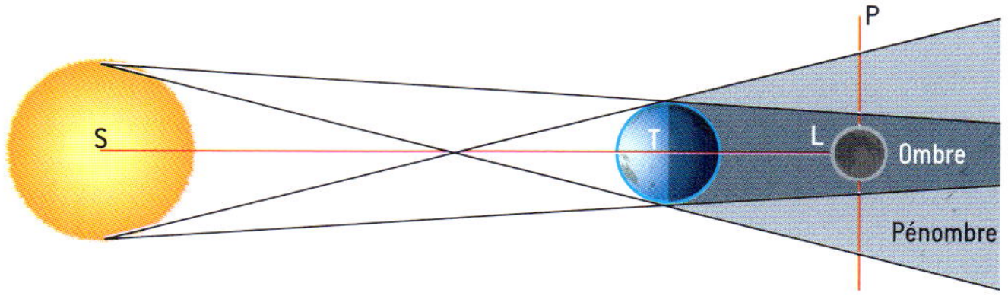

***Fig. 3** : Principe de l'éclipse de Lune. Lors d'une éclipse totale de Lune, notre satellite pénètre complètement dans le cône d'ombre de la Terre.*

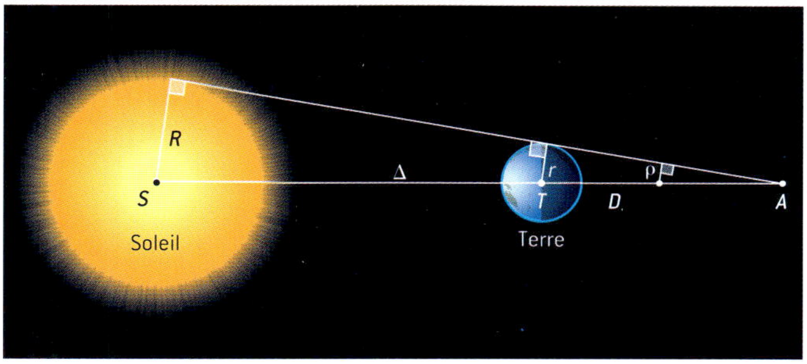

***Fig. 4** : Détermination des dimensions du cône d'ombre de la Terre.*

sphérique et de rayon r. Si A est le sommet du cône d'ombre, Δ la distance Terre-Soleil, et R le rayon du Soleil, on a :

$$TA = \Delta\, r / (R - r)$$

Si l'on exprime les valeurs moyennes en rayon terrestre, on a alors $r = 1$ ($r = 6\,378$ km), $\Delta r = 23\,455$, $R = 109$, d'où $TA = 217$. En tenant compte de la variation Soleil-Terre, TA varie de 213 à 221 rayons terrestres. Or la distance Terre-Lune valant en moyenne 60 rayons terrestres (elle varie de 56 à 64 rayons terrestre), on vérifie bien que la Lune peut pénétrer dans l'ombre de la Terre.

Pour vérifier maintenant si la Lune peut pénétrer en totalité dans le cône d'ombre, calculons le rayon ρ de la section droite du cône d'ombre situé à la distance D de la Terre. On a :

$$\rho = r\,(TA - D) / TA$$

En prenant $TA = 217$ et $D = 60$, on obtient $\rho = 0{,}723\, r$, soit un diamètre de 9 223 km environ. Le diamètre de la Lune étant de 3 475 km, on vérifie bien que la Lune peut pénétrer entièrement dans le cône d'ombre et qu'une éclipse peut être totale.

De part et d'autre de ce cône d'ombre géométrique s'étend la pénombre : c'est la zone comprise entre la nappe du cône d'ombre et la surface du cône de pénombre tangent intérieurement au Soleil et à la Terre. Un observateur lunaire, pendant une éclipse totale de Lune (ou même une éclipse partielle) par l'ombre, verrait la Terre éclipser le Soleil complètement. Tandis que le même observateur, pendant une éclipse de Lune par la pénombre, verrait le Soleil partiellement éclipsé par la Terre.

Pour que la Lune pénètre dans l'ombre, la condition d'opposition n'est pas suffisante. Le cône d'ombre étant situé dans le plan de l'écliptique, il faut en plus que la Lune soit voisine de l'écliptique, autrement dit que sa latitude (distance angulaire à l'écliptique) soit très faible, ce qui a lieu au voisinage d'un

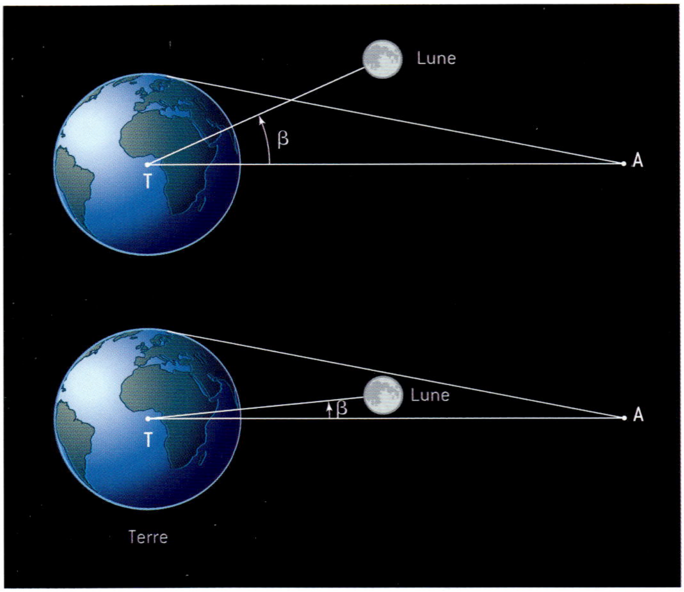

***Fig. 5** : Cône d'ombre et latitude. Si la latitude géocentrique de la Lune est trop grande, la Lune ne pénètre pas dans le cône d'ombre de la Terre.*

nœud (**fig. 5**). On sait en effet que la latitude de la Lune varie de ± 5° environ : si lors d'une pleine Lune, la latitude est de + 5° par exemple, la distance du centre de la Lune à l'axe du cône d'ombre vaut 60 r x sin 5° = 5,2 r. Or on a vu que le rayon du cône d'ombre était bien inférieur (ρ = 0,723 r). Selon la latitude de la Lune, celle-ci peut donc pénétrer complètement (ou partiellement) dans la pénombre ou complètement (ou partiellement) dans l'ombre.

Sans entrer dans les calculs complexes, on retiendra les conditions suivantes, β étant la latitude écliptique de la Lune lors de l'opposition :

Éclipse de Lune	Certaine si $\lvert\beta\rvert$ <	Impossible si $\lvert\beta\rvert$ >
Totale par l'ombre	0° 24′	0° 30′
Partielle par l'ombre	0° 53′	1° 3′
Totale par la pénombre	1° 26′	1° 35′

On peut traduire les conditions de latitude de la Lune par la distance angulaire du Soleil à un nœud lunaire pour que l'éclipse se produise. On démontre ainsi que le Soleil doit se trouver à moins de 10,5° d'un nœud pour qu'une éclipse par l'ombre ait lieu.

Phases d'une éclipse de Lune et visibilité

Quel que soit le type d'éclipse (totale ou partielle), la Lune commence à pénétrer dans la zone de pénombre (dont la largeur est sensiblement égale au diamètre de la Lune). On ne voit aucune modification de l'aspect de la Lune à l'œil nu lorsqu'elle est dans la pénombre. Notons que la Lune se déplace vers l'Est lors de l'éclipse : sous nos latitudes, la Lune s'échancre par la gauche. Puis la Lune tangente le cône d'ombre : c'est le commencement de l'éclipse par l'ombre. La Lune pénètre ensuite complètement dans le cône d'ombre : c'est la totalité, qui peut durer près de 1 h 45 m. Puis la Lune sort de l'ombre et enfin de la pénombre. Le phénomène global peut durer un peu plus de 6 heures (**fig. 6**).

Il se peut que l'éclipse de Lune soit partielle, c'est-à-dire qu'une seule partie de la Lune pénètre dans l'ombre. Il se peut aussi que l'éclipse ne pénètre que dans la pénombre, soit totalement, soit partiellement.

On définit la grandeur d'une éclipse de Lune par le rapport de la distance du bord éclipsé au bord de l'ombre,

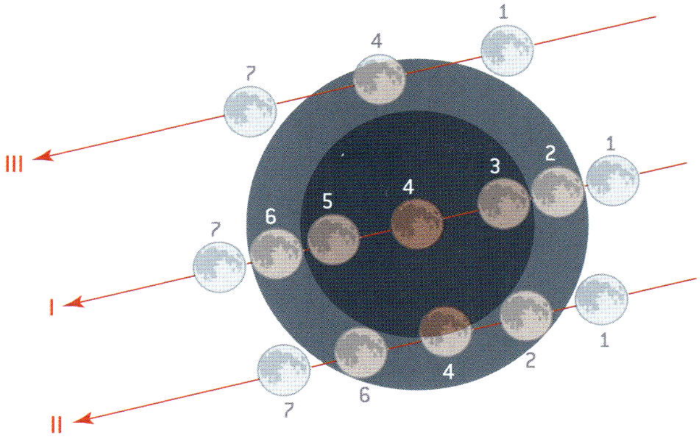

① Entrée de la Lune dans la pénombre.
② Entrée de la Lune dans l'ombre.
③ Commencement de l'éclipse totale.
④ Milieu de l'éclipse.
⑤ Fin de l'éclipse totale.
⑥ Sortie de la Lune de l'ombre.
⑦ Sortie de la Lune de la pénombre.

Fig. 6 *: Phases d'une éclipse de Lune :* I. *éclipse totale de Lune par l'ombre ;* II. *éclipse partielle de Lune par l'ombre ;* III. *éclipse partielle de Lune par la pénombre.*

au milieu de l'éclipse. Si ce rapport est inférieur à 1, l'éclipse est partielle ; si le rapport est supérieur à 1, l'éclipse est totale.

Lors d'une éclipse totale, la Lune ne disparaît pas complètement dans l'ombre, car l'atmosphère terrestre réfracte la lumière solaire qui la traverse. Les rayons ainsi déviés vers l'intérieur du cône d'ombre viennent alors éclairer la surface lunaire. La Lune prend alors une coloration rougeâtre, mais l'état de l'atmosphère peut notablement changer la couleur.

▶ De l'utilité des éclipses de Lune

Si l'éclipse de Soleil qui évita à Tintin, au capitaine Haddock et au Professeur Tournesol d'être sacrifiés par les Incas dans *Le Temple du Soleil* est bien connue, le fait que cette mésaventure soit réellement arrivée à un illustre conquérant, mais avec une éclipse de Lune, l'est moins. Lors de son quatrième voyage aux Amériques, Christophe Colomb et son équipage, alors à la Jamaïque, se trouvèrent dans une situation de dépendance alimentaire vis-à-vis des autochtones, qui menaçaient en plus de les massacrer. Le hasard et le génie vont permettre à Colomb de se tirer d'affaire : comme tout navigateur prévoyant, le Génois possédait des éphémérides, celles du grand astronome du XVe siècle, Regiomontanus (1436-1476), qui indiquaient entre autres les dates d'éclipses de Soleil et de Lune pour les années à venir. Justement, une éclipse totale de Lune était annoncée dans la nuit du jeudi 29 février au vendredi 1er mars 1504. Colomb convoqua les caciques et leur fit un discours dans lequel il exprimait le mécontentement de son Dieu, qui voyait d'un mauvais œil l'attitude passive des autochtones. Ces derniers allaient mesurer l'ire du Dieu chrétien lors du lever de la Lune qui apparaîtrait enflammée et sanglante, signe précurseur des maux qui allaient s'abattre sur eux. La Lune se leva effectivement éclipsée, d'une couleur rougeâtre, ce qui provoqua la terreur des autochtones qui arrivèrent les bras chargés de provisions. Colomb fit durer le suspens en prétendant s'entretenir avec son Dieu dans sa cabine. Peu de temps avant la fin de l'éclipse totale, Colomb annonça que tout allait redevenir normal, à condition que les autochtones traitent les Chrétiens comme il se devait. Ce qui fut fait !

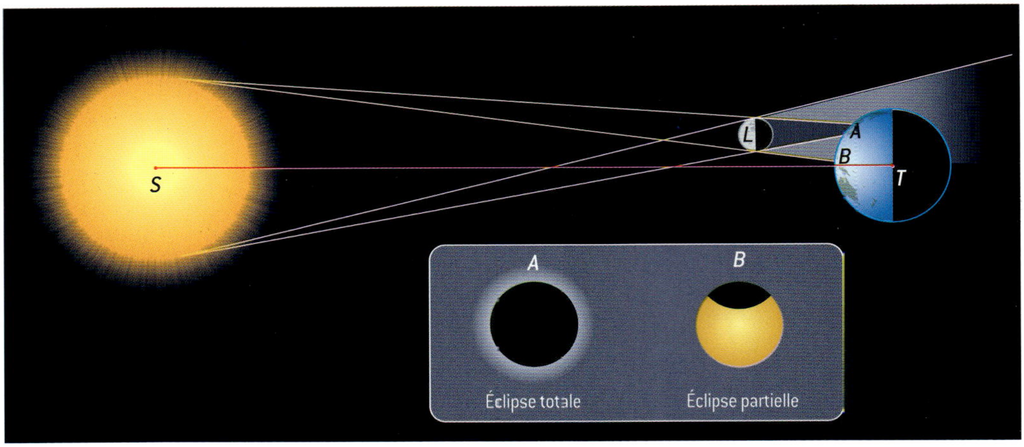

Fig. 7 : Principe d'une éclipse totale de Soleil.

Contrairement à une éclipse de Soleil, une éclipse de Lune est visible au même instant de tous les lieux sur Terre pour lesquels la Lune est située au-dessus de l'horizon, c'est-à-dire de l'hémisphère plongé dans la nuit; tous les observateurs assistent alors à la même phase de l'éclipse.

Éclipse de Soleil

Une éclipse de Soleil a lieu nécessairement à la **nouvelle Lune**, c'est-à-dire lorsque la Lune est en conjonction avec le Soleil. Eclairée par le Soleil, la Lune engendre un cône d'ombre et de pénombre. À la différence d'une éclipse de Lune, la visibilité d'une éclipse de Soleil dépend du lieu où l'on observe : les observateurs situés dans le cône d'ombre de la Lune voient une éclipse totale; ceux situés dans le cône de pénombre lunaire voient une éclipse partielle; enfin ceux situés à l'extérieur de la pénombre ne voient aucune éclipse (**fig.** 7).

Examinons les dimensions du cône d'ombre lunaire (**fig. 8**). Le cône d'ombre de la Terre est tangent au Soleil (de centre S) et à la Terre (de centre T), que l'on supposera sphérique et de rayon r. Si A est le sommet du cône d'ombre de la Lune de centre L, r' son rayon, Δ' la distance Lune-Soleil, et R le rayon du Soleil, la distance du sommet du cône d'ombre au centre de la Lune est donnée par :

$$LA = \Delta' \, r'/(R - r')$$

On a, en prenant comme valeurs moyennes exprimées en fonction du rayon terrestre (r = 1), R = 109, Δ' = 23 395 (distance Terre-Soleil diminuée de la distance Terre-Lune), et r' = 0,273 (r' = 1 737,5 km). On a alors LA = 58,7.

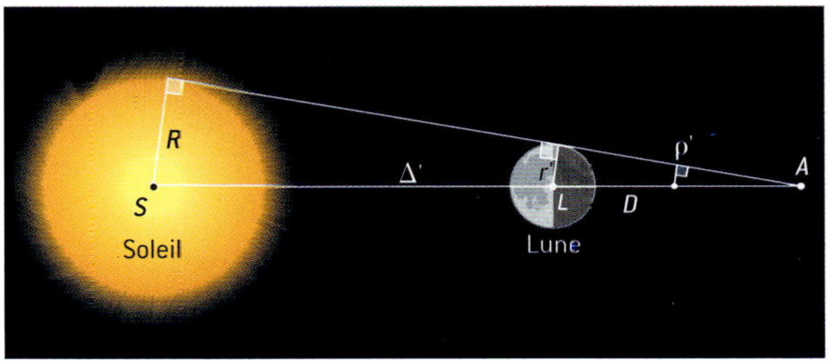

Fig. 8 : Détermination des dimensions du cône d'ombre de la Lune.

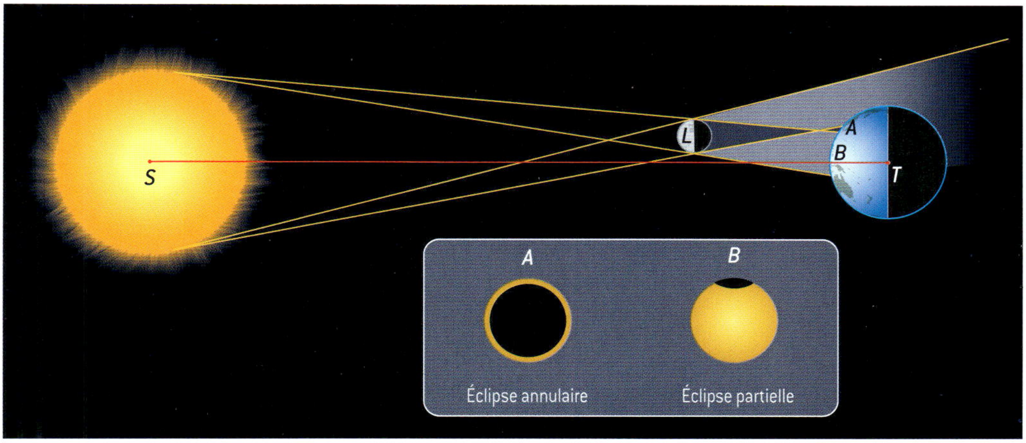

***Fig. 9** : Principe d'une éclipse annulaire de Soleil.*

Mais il faut tenir compte d'une part de la variation Soleil-Terre (23 064 *r* à 23 848 *r*), et d'autre part de la variation de distance Terre-Lune (56 *r* à 64 *r*). En définitive, le cône d'ombre de la Lune varie de 57,5 à 59,5 rayons terrestres. On constate — et ceci est important —, que le cône d'ombre de la Lune a sensiblement la même valeur que la distance Terre-Lune. Ce qui signifie que le sommet du cône d'ombre reste assez voisin de la surface terrestre : si l'observateur est situé dans la première nappe du cône, il voit une éclipse totale de Soleil, tandis que s'il est situé dans la seconde nappe du cône, il voit une éclipse annulaire de Soleil (**fig. 9**).

En d'autres termes, cela revient à dire que la variation des diamètres apparents (vus depuis la Terre) du Soleil et surtout de la Lune est déterminante dans le type d'éclipse solaire : si le diamètre apparent de la Lune est supérieur à celui du Soleil, l'observateur voit une éclipse totale, ce qui ne peut donc avoir lieu que si la Lune est voisine du périgée de son orbite. Par contre si le diamètre apparent de la Lune est inférieur à celui du Soleil, l'observateur voit une éclipse annulaire de Soleil, ce qui ne peut avoir lieu que si la Lune est voisine de l'apogée de son orbite. Comme la Lune circule plus longtemps sur la partie apogée de son orbite et moins longtemps sur la partie périgée (en raison de la deuxième loi de Kepler), les éclipses annulaires sont un peu plus fréquentes que les éclipses totales (**fig. 10**, page suivante).

Il peut aussi arriver qu'une partie de la Terre soit seulement dans la zone de pénombre de la Lune : il se produit alors une éclipse partielle de Soleil, ce qui signifie que l'éclipse n'est à aucun moment totale ou annulaire.

Calculons le rayon ρ' de la section du cône d'ombre de la Lune, pour des conditions très favorables, à savoir pour une Lune au périgée située à une distance D de la Terre. On a :

$$\rho' = r'(LA - D) / LA$$

En prenant $D = 55$ et $LA = 59{,}5$, on obtient ρ' = 131,4 km. Autrement dit, la tache d'ombre de la Lune fait

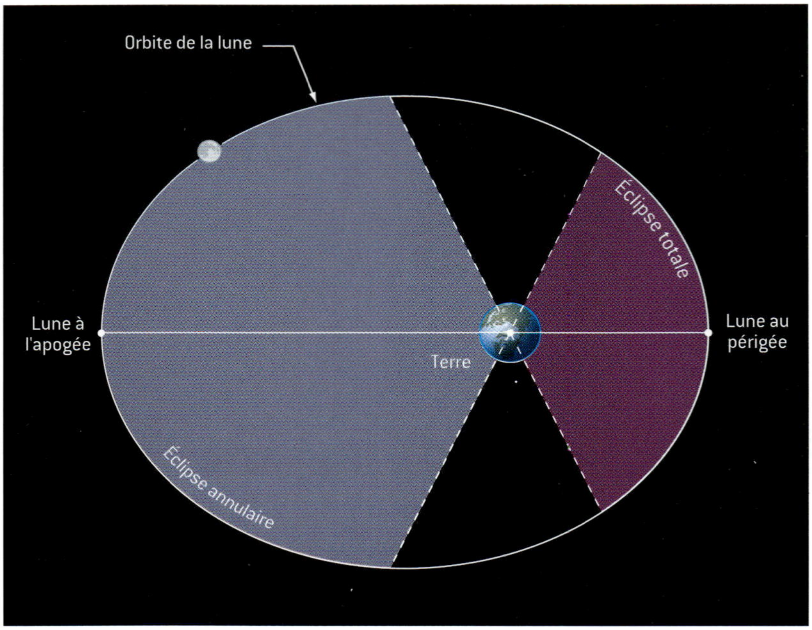

Fig. 10 : *Orbite lunaire. Les éclipses totales de Soleil n'ont lieu que lorsque la Lune se trouve sur la partie voisine du périgée, tandis que les éclipses annulaires ont lieu lorsque la Lune se trouve sur la partie apogée.*

263 km de diamètre. Donc la bande de totalité, c'est-à-dire la courbe résultant de l'intersection de l'axe du cône avec la surface terrestre, est très petite, puisque seuls les lieux situés dans cette bande de 263 km de large "voient" l'éclipse comme totale. Mais il s'agit là de la section droite du cône : si l'éclipse a lieu dans les régions polaires, la zone à la surface terrestre peut largement dépasser ces 263 km.

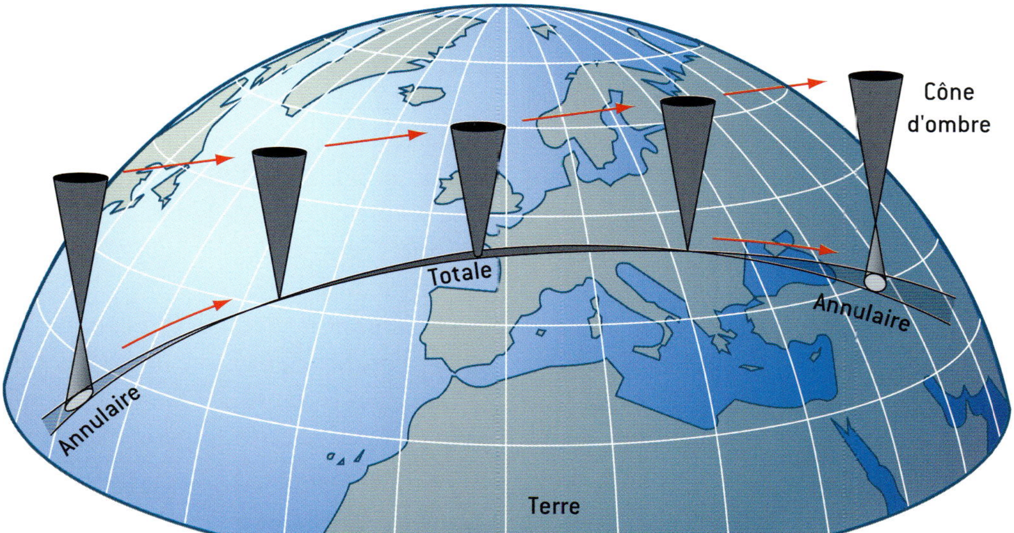

Fig. 11 : *Projection du cône d'ombre de la Lune. Une éclipse de Soleil peut être annulaire, totale puis à nouveau annulaire, selon que le cône d'ombre de la Lune est coupé dans sa première nappe ou sa seconde nappe.*

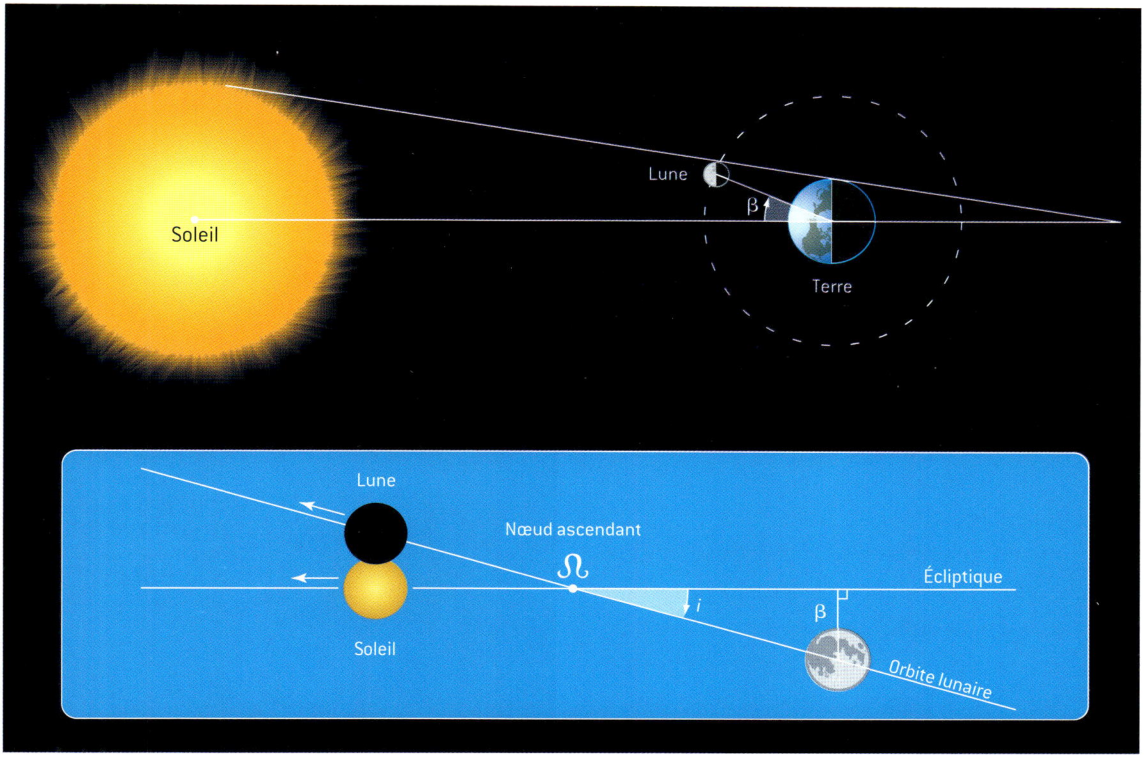

***Fig. 12** : Latitude de la Lune. Pour qu'une éclipse de Soleil se produise, la latitude géocentrique de la Lune doit être faible, ce qui impose qu'elle soit voisine d'un nœud de son orbite.*

Pour les lieux situés dans la zone de pénombre, où l'éclipse est partielle, le diamètre de la pénombre vaut 7 000 km sensiblement, ce qui couvre sur Terre une surface considérable, d'autant plus que cette surface est accentuée par le déplacement de la Lune et par la rotation de la Terre sur elle-même.

Dans certains cas, l'éclipse peut être annulaire-totale si le sommet du cône d'ombre se trouve à moins d'un rayon terrestre du plan passant par le centre de la Terre et perpendiculaire à l'axe du cône (**fig. 11**) : l'éclipse commence par être annulaire, parce que la partie de l'ombre qui intercepte la Terre sur un côté est située au-delà de la pointe du cône. Mais en raison de la sphéricité de la Terre, la pointe du cône finit par entrer en contact avec notre globe, de sorte que l'éclipse devient totale. Puis à nouveau, c'est la partie située au-delà du cône qui est en contact avec la Terre ; l'éclipse redevient annulaire.

Notons enfin que certaines éclipses peuvent être totales ou annulaires sans être centrales : seule une partie du cône d'ombre atteint la Terre (dans les régions polaires) mais pas l'axe du cône ; ce sera le cas le 9 avril 2043.

Conditions d'éclipse

Pour qu'une éclipse de Soleil ait lieu, deux conditions doivent être réunies : la Lune doit être nouvelle (donc entre le Soleil et la Terre) et voisine d'un nœud. Comme pour une éclipse de Lune, sa distance angulaire doit être faible (**fig. 12**, page précédente). On démontre que si β étant la latitude écliptique de la Lune lors de la conjonction :

– aucune éclipse de Soleil n'est possible si $|\beta| > 1° 34'$

– si $|\beta| < 0° 52'$, l'éclipse de Soleil est centrale (totale ou annulaire). Rappelons que "centrale" signifie que l'axe du cône d'ombre entre en contact avec la Terre.

Entre les deux valeurs de β, seul le calcul précis peut trancher.

On l'aura compris, les éclipses totales de Soleil sont des phénomènes rarissimes en un lieu donné : à titre d'exemple, les deux dernières éclipses totales visibles à l'Observatoire de Paris remontent à 1724 et 1406. À l'échelle de la France, les éclipses totales restent aussi très rares : la dernière éclipse totale est celle du 11 août 1999 ; la prochaine aura lieu le 3 septembre 2081.

La durée maximum de totalité d'une éclipse totale est d'un peu plus de 7 minutes ; mais cela ne peut avoir lieu que dans les zones équatoriales. La condition idéale nécessite alors que la Lune soit au périgée de son orbite et le Soleil à l'apogée. Par contre une éclipse annulaire peut durer près de 12 minutes. Quant à la durée générale de l'éclipse en un lieu donné, c'est-à-dire l'intervalle de temps qui sépare le premier contact de la Lune avec le Soleil jusqu'à ce qu'elle quitte complètement l'astre du jour, elle est d'environ 4 h 30 m.

L'ombre de la Lune se déplace sur Terre d'Ouest en Est, avec une vitesse atteignant 1 706 km/h près de l'équateur, et 3 380 km/h près des pôles.

Éclipse partielle de Soleil.

La plupart du temps, les éclipses de Soleil en un lieu donné sont partielles : une seule partie du Soleil est masquée par la Lune. Si l'éclipse est totale ou annulaire, l'observateur voit d'abord une éclipse partielle ; puis un court instant (quelques minutes dans les cas favorables), il voit la Lune recouvrir le Soleil soit complètement, soit à 99 % ; puis à nouveau il voit l'éclipse partielle.

Si les éclipses de Soleil sont un des plus beaux spectacles de la Nature, n'oublions pas de ne les observer qu'avec une protection sérieuse pour les yeux.

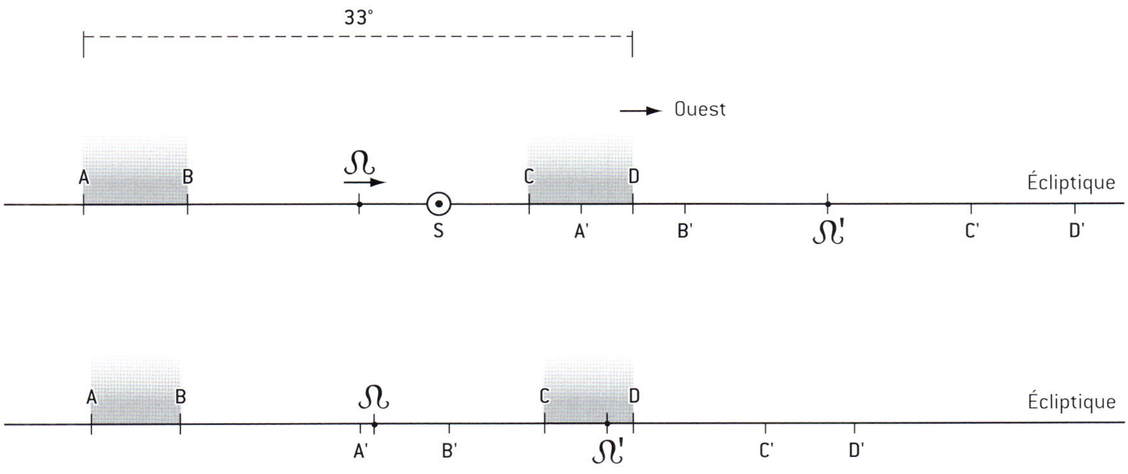

***Fig. 14 et 15** : Conditions d'éclipse de Lune (en haut) et de Soleil (en bas) en fonction de la position par rapport à un nœud.*

Règles de succession des éclipses

Pour comprendre les règles de succession des éclipses, il est commode de s'intéresser à la distance angulaire du Soleil et de la Lune aux nœuds.

Éclipses de Lune

La **figure 14** représente la partie de l'écliptique voisine d'un nœud Ω (ascendant ou descendant). L'arc ΩB = ΩC = 10,5° : c'est dans cette zone que se produisent les éclipses de Lune par l'ombre. L'arc AB = CD = 6,5° : c'est dans cette zone que se produisent les éclipses par la pénombre. Autrement dit, la largeur totale de la zone où les éclipses de Lune sont possibles est de 33° (il s'agit dans tous les cas de valeurs moyennes).

Le point S correspond à la position du Soleil au moment de la pleine Lune ; tel qu'il est placé sur la figure, il correspond à une éclipse de Lune par l'ombre. À la pleine Lune suivante, le nœud s'est déplacé en Ω' de 30,67° par rapport au Soleil dans le sens rétrograde (vers l'Ouest). On sait que le Soleil passe par le même nœud de l'orbite lunaire tous les 346,62 jours ; sa vitesse par rapport à la ligne des nœuds est donc de 1,0386° par jour. Or la révolution synodique moyenne de la Lune étant de 29,53 jours, on en déduit qu'entre deux conjonctions consécutives la longitude du Soleil par rapport au nœud varie de 1,0386 x 29,53 = 30,67°. La "zone d'éclipse" s'est donc déplacée en A'B'Ω'C'D'. On constate qu'il ne peut y avoir deux éclipses de Lune par l'ombre à une lunaison d'intervalle puisque le point S ne pourra pas être situé entre B' et C' à l'issue d'une lunaison.

De même une éclipse de Lune par l'ombre ne peut être suivie par une éclipse de Lune par la pénombre puisque le domaine A'D' n'a pas de partie commune avec BC. De façon identique, une éclipse de Lune par la pénombre ne peut être suivie par une éclipse par l'ombre.

▶ Les éclipses de Soleil et la rotation de la Terre

Les astronomes aiment bien vérifier que leurs calculs sont conformes à la réalité. Par exemple lorsqu'ils découvrent une mention d'éclipse de Soleil très ancienne, ils s'amusent à la recalculer ; c'est comme ça qu'ils ont découvert que la Terre ralentissait. Prenons un exemple. Avec le déchiffrement des textes cunéiformes astronomiques babyloniens, à la fin du XIXe siècle, on a trouvé sur une tablette d'argile conservée au British Museum, la mention d'une éclipse totale de Soleil visible à Babylone. L'étude de la tablette a permis de dater l'éclipse : 15 avril 136 av. J.-C. Or, en calculant l'éclipse, on a bien vérifié qu'il y avait eu une éclipse de Soleil le 15 avril 136 av. J.-C., mais qu'elle n'était pas visible comme totale à Babylone… mais en Europe, c'est-à-dire à des milliers de kilomètres plus à l'Ouest. Comme il était peu probable que les astronomes babyloniens aient menti, il a fallu chercher une autre explication. On a alors pensé que dans les calculs astronomiques, on utilisait le temps comme variable — c'est-à-dire la rotation de la Terre sur elle-même — et que l'on supposait que ce temps était parfaitement uniforme. Or si la Terre ralentissait, cela allait avoir des répercussions dans les calculs d'éclipse. La question que se posèrent les astronomes est donc la suivante : de combien de secondes "l'horloge Terre" a ralenti par rapport à une "l'horloge idéale" pour que l'éclipse soit visible comme totale à Babylone ? Il ne peut s'agir que d'une détermination empirique ; en prenant une erreur d'horloge de 11 700 secondes, soit 3 h 15 m, on obtient la (**carte 1**), qui déplace la ligne de centralité exactement sur Babylone. Ce ralentissement de la rotation de la Terre, dû aux marées océaniques, se poursuit évidemment et constitue une limite aux prédictions astronomiques futures. On peut bien sûr prévoir à quelle date aura lieu la prochaine éclipse totale de Soleil visible en France au XXVe siècle, mais il est impossible de prédire très exactement les limites de la bande de totalité.

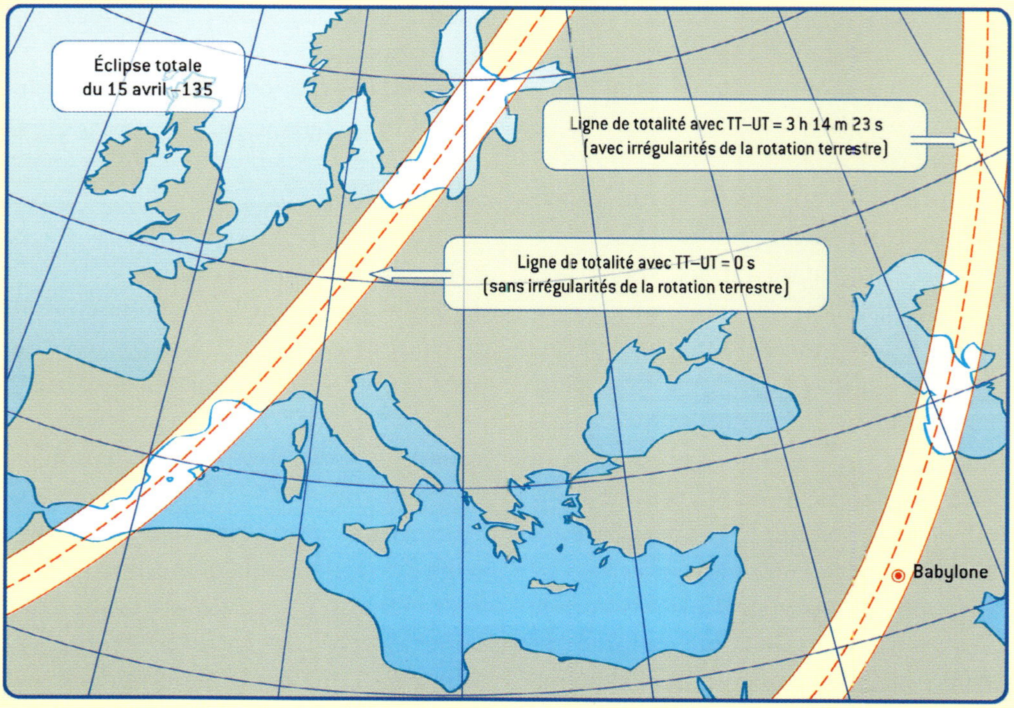

***Carte 1** : Utilisation des éclipses anciennes pour déterminer les irrégularités de la rotation terrestre.*

Mais on constate qu'il existe une partie commune aux deux zones (l'arc A'D) ; ce qui signifie qu'il peut se produire deux éclipses par la pénombre à une lunaison d'intervalle.

Éclipses de Soleil

Traçons la même **figure 15** que pour les éclipses de Lune ; cette fois-ci, la "zone d'éclipse" est plus réduite puisque l'arc ΩΩ' vaut 15,3°. Plus l'éclipse est voisine d'un nœud, plus elle est forte : les éclipses partielles se déroulent dans les zones AB et CD tandis que les éclipses centrales ont lieu dans la zone BC. On en déduit que :

– une éclipse de Soleil est nécessairement accompagnée d'une éclipse de Lune par la pénombre puisque ΩD appartient à A'D'.

– une éclipse partielle de Soleil est nécessairement accompagnée d'une éclipse de Lune par l'ombre (puisque CD est à l'intérieur de B'C'). Par contre une telle éclipse de Soleil n'est jamais accompagnée d'une éclipse de Lune par la pénombre puisque CD n'a pas de partie commune avec A'B' et C'D'.

– une éclipse totale ou annulaire de Soleil (centrale) est accompagnée soit d'une éclipse de Lune par l'ombre (ΩC est commun à B'C') soit par la pénombre (ΩC a une partie commune avec A'B').

– exceptionnellement, une éclipse centrale de Soleil peut être accompagnée d'une éclipse totale de Lune (domaine ΩB').

On comprend désormais pourquoi il peut survenir trois éclipses consécutives en 30 jours : celles-ci ont lieu lorsque débute une faible éclipse (de Soleil ou de Lune), suivie d'une forte éclipse (totale de Lune ou centrale de Soleil), suivie à nouveau d'une faible éclipse (de Soleil ou de Lune).

Il peut aussi arriver que l'on ait deux éclipses totales de Soleil par année civile, ce qui sera le cas en 2057 : l'éclipse du Soleil du 5 janvier sera totale, celle du 1er juillet sera annulaire et celle du 26 décembre sera totale. La rareté de ce phénomène tient au fait que deux saisons d'éclipses successives (donc à environ 6 mois d'intervalle) ne peuvent contenir toutes deux une éclipse totale : lorsqu'il y a éclipse totale, la Lune se trouve dans la partie périgée de son orbite ; six mois plus tard, l'éclipse a lieu avec une Lune dans la partie apogée de son orbite, puisque dans ce laps de temps, le grand axe n'a guère tourné. Donc pour avoir deux éclipses totales par année, il faut que la première ait lieu début janvier et la seconde dans les derniers jours de décembre.

On vérifiera également que s'il est possible d'avoir deux éclipses totales de Soleil dans un laps de temps de six mois, l'une au moins des deux doit être annulaire-totale.

Le Saros : mythe et réalité

Selon la définition classique, le Saros* est une période de 223 lunaisons ou 18 ans 11 jours ou encore 6 585 jours, à l'issue de laquelle les éclipses de Soleil et de Lune sont ramenées dans une même succession. On a en effet :

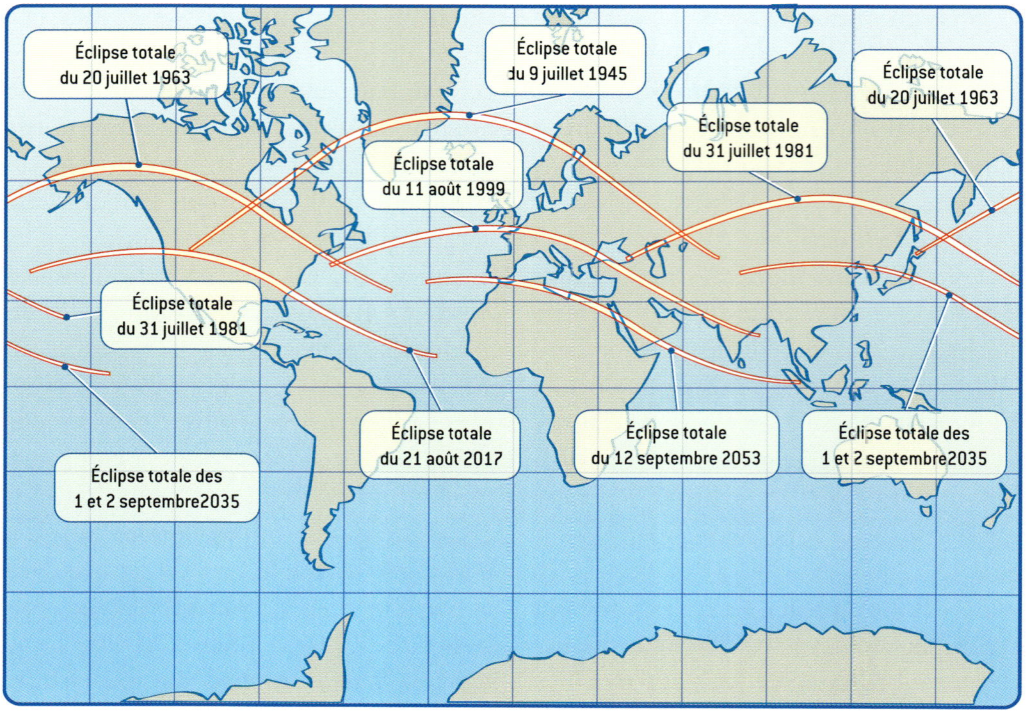

Carte 2 : *Décalage en longitute et en latitude de la zone de visibilité de l'éclipse totale de Soleil du 11 août 1999 au cours de plusieurs Saros.*

223 révolutions synodiques
= 6 585,321314 jours

242 révolutions draconitiques
= 6 585,357436 jours

239 révolutions anomalistiques de la Lune
= 6 585,537419 jours

18 révolutions anomalistiques du Soleil
= 6 574,673444 jours

Donc au bout de 223 lunaisons, le Soleil et la Lune se retrouvent en conjonction, ce qui est une condition stricte d'éclipse. Mais en plus, le Saros ramène sensiblement la Lune à ses nœuds (révolution draconitique). De plus, le Soleil et la Lune reviennent au même point de leur orbite (révolutions anomalistiques). Un Saros comprend en moyenne 84 éclipses, 42 de Soleil, 42 de Lune.

Cela ne signifie pas pour autant que si une éclipse de Soleil (ou de Lune) est visible à une certaine date à un certain endroit, on la retrouvera au même endroit un Saros plus tard. En raison de la partie fractionnaire du Saros (6 585 jours + 7 h 43 m, soit 6 585 jours + 115,74° de longitude), les éclipses sont décalées de 116° en longitude vers l'Ouest. Par exemple l'éclipse totale de Soleil du 11 août 1999 qui intéressait l'Europe fut visible le 21 août 2017 aux USA puis sera visible le 2 septembre 2035 dans le Pacifique. Il faut trois Saros (54 ans période appelée *exeligmos*) pour qu'en un lieu donné, l'éclipse revienne sensiblement dans les mêmes conditions, bien que la zone de visibilité se décale aussi en latitude d'environ 1 000 km : l'éclipse totale du 11 août 1999 sera visible en Europe le 12 septembre 2053 mais la bande de totalité passera en Afrique du Nord (**carte 2**).

On affirme quelques fois que le Saros, connu des Babyloniens (appelés aussi Chaldéens), a servi à prédire des éclipses de Soleil ; il est très vraisemblable que cela soit inexact. Le mythe du Saros est souvent proposé pour la prétendue prédiction de l'éclipse de Thalès. L'historien Pline l'Ancien (23-79 apr. J.-C.) a en effet écrit dans l'*Histoire Naturelle* (Livre II, IX) que « chez les Grecs, les premières recherches [sur les éclipses] furent entreprises par Thalès de Milet, qui dans la 4e année de la 48e Olympiade, prédit l'éclipse de Soleil qui eut lieu sous le règne d'Alyatte, en l'an 170 de Rome [585 av. J.-C.] ». L'éclipse de Thalès eut lieu le 28 mai – 584 ; elle était totale en Asie Mineure ; un Saros avant, le 18 mai – 602, l'éclipse était totale en Afrique, en Asie du Sud-Est, au Japon et en Russie ; un Saros avant, le 7 mai – 620, l'éclipse était totale en Amérique du Nord. Ce n'est que le 26 avril – 638 que l'éclipse fut totale en Europe, mais la zone où l'éclipse était visible comme totale (soit une bande de 250 km de large) s'était décalée de près de 2000 km vers le Nord, de sorte qu'en Asie Mineure, l'éclipse était visible comme partielle.

Cet exemple illustre bien que le Saros ne peut en aucun cas servir à prévoir la visibilité d'une éclipse de Soleil en un lieu à long et moyen terme. D'ailleurs dans l'Antiquité, un astronome comme Ptolémée prévoyait les éclipses de Soleil et de Lune en faisant directement appel à la théorie du mouvement de ces deux astres ; le Saros n'est qu'une pure curiosité. Prévoir, comme le fit prétendument Thalès, la zone de visibilité d'une éclipse de Soleil, suppose de prendre en considération la latitude du lieu, les distances Terre-Soleil, Terre-Lune, les dimensions relatives de ces astres, paramètres qu'ignorait absolument Thalès.

Occultations

On appelle occultation la disparition d'un astre derrière un autre de diamètre apparent supérieur ; pour un observateur terrestre, il s'agit dans la très grande majorité des cas d'une occultation par la Lune. Le terme "d'éclipse de Soleil" désigne en fait une occultation du Soleil par la Lune.

Les deux phases d'une occultation sont l'immersion et l'émersion. Lorsque la Lune est croissante, donc entre la Nouvelle Lune et la Pleine Lune, c'est le bord Ouest de notre satellite qui est éclairé ; autrement dit, la Lune se déplaçant vers l'Est par rapport aux étoiles, les immersions se produisent presque toutes au bord obscur. L'émersion, qui dans ce cas se fait au bord éclairé, est impossible à voir, sauf si l'étoile (ou la planète) est très brillante.

Lorsque la Lune est décroissante, le phénomène s'inverse : ce sont les immersions qui se produisent au bord éclairé tandis que les émersions ont lieu au bord obscur.

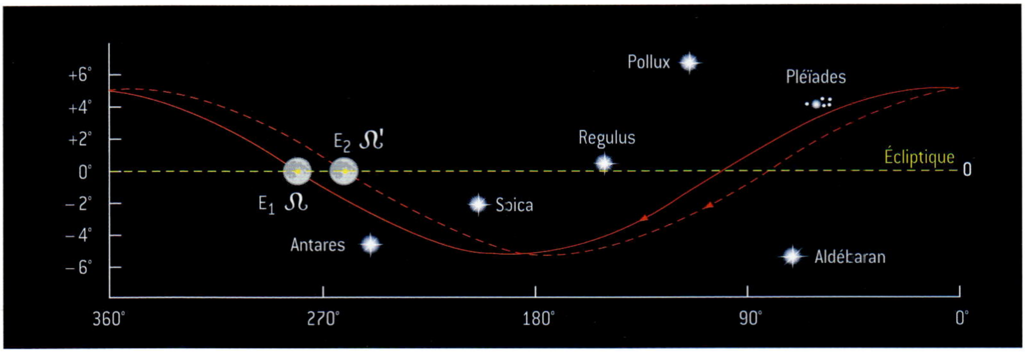

***Fig. 16** : Trajectoires de la Lune et zone d'occultation d'étoiles.*

Comme on l'a vu, l'orbite de la Lune est inclinée en moyenne de 5° 09′ sur l'écliptique, l'inclinaison variant de 5° 00′ à 5° 18′. Donc pour qu'un astre soit occulté, il est nécessaire qu'il soit au voisinage de l'écliptique. Mais il y a lieu d'ajouter à cette valeur d'une part le demi-diamètre apparent maximum de la Lune (16′ 45″) et d'autre part la parallaxe maximum (1° 1′ 30″), soit 6° 36′, valeur qui est donc la distance angulaire maximale d'un astre à l'écliptique pour qu'il soit occulté, ce qui représente une zone de largeur totale de 13° 12′. Les étoiles de première grandeur se trouvant dans cette zone sont Aldébaran (α Taureau), Régulus (α Lion), l'Épi (α Vierge) et Antarès (α Scorpion). Les planètes peuvent également être occultées par la Lune, s'occulter entre elles ou occulter des étoiles brillantes ; mais ce sont des phénomènes rares : la prochaine sera l'occultation de Jupiter par Vénus aura lieu le 22 novembre 2065.

On a également vu que la ligne des nœuds n'était pas fixe par rapport aux étoiles, et qu'elle faisait un tour complet de l'écliptique de l'Est vers l'Ouest en 18,61 ans. De ce fait, les occultations d'étoiles par la Lune se reproduisent dans le même ordre tous les 18,61 ans pour l'ensemble de la Terre.

La **figure 16** représente, vue de la Terre, la région céleste où se trouve le nœud ascendant de l'orbite lunaire. À l'instant t_1, supposons que la Lune et une étoile E_1 se trouvent en coïncidence au nœud ascendant **Ω**. Au bout d'une révolution sidérale de la Lune, le nœud ascendant de l'orbite se sera déplacé en **Ω**' et la Lune passera en E_2 (au Nord de E_1). Lors des révolutions suivantes, la Lune passera de plus en plus au Nord de l'étoile et il ne se produira plus d'occultation lorsque la distance angulaire entre les deux astres sera supérieure à 1° 18′ (somme des valeurs maximales de la parallaxe et du demi-diamètre apparent de la Lune).

Le même raisonnement s'applique au nœud descendant, la Lune se déplaçant vers le Sud de l'étoile à chacune des révolutions sidérales suivantes.

Supposons maintenant qu'une étoile soit située exactement sur l'écliptique et que le nœud ascendant de l'orbite lunaire coïncide avec le centre de la Lune et cette étoile. Sans entrer dans les calculs, nous serons à ce moment-là au milieu d'une série d'occultations dont la durée totale est d'environ 1,4 ans, ce qui représente une vingtaine d'occultations. Au bout de 9,3 ans c'est le nœud descendant de l'orbite lunaire qui passera par l'étoile et il se produira une nouvelle série de même longueur que la précédente.

Les séries successives aux nœuds ascendant et descendant sont alternées. Pour celle relatives au nœud ascendant, les occultations sont d'abord visibles des régions antarctiques, celles du milieu de série des régions équatoriales et celles de fin de série des régions arctiques. C'est l'inverse pour les séries coïncidant avec le nœud descendant.

Pour les étoiles de latitude non nulle, c'est-à-dire non exactement situées sur l'écliptique, la périodicité globale des phénomènes reste de 18,6 ans. Mais les durées de chaque série sont différentes ; de même les milieux de série ne sont pas équidistants dans le temps. Par exemple pour l'Épi de la Vierge ($\beta = -2° \, 03'$), les milieux des séries d'occultation sont séparés alternativement par des durées de 6,8 ans et 11,8 ans. Les intervalles sont d'autant plus grands que la latitude est plus grande.

Ajoutons que si $|\beta|$ dépasse environ 4°, il n'y a plus qu'une seule série d'occultations en 18,6 ans ; par exemple pour l'étoile Antarès, on a une série d'occultations d'août 2023 à août 2028 puis de mars 2042 à mars 2047.

Chapitre 5

Les planètes

Connues dès l'Antiquité, les cinq planètes visibles à l'œil nu n'ont cessé de poser des problèmes aux premiers astronomes car il leur était difficile d'en rendre compte simplement avec des cercles centrés sur la Terre. Si c'est avec Copernic qu'on a compris que ces anomalies n'étaient que la conséquence de leur mouvement autour du Soleil, combiné à celui de la Terre, il revient à Newton le mérite d'avoir montré que la gravitation gouverne le mouvement des planètes.

Depuis la haute Antiquité, cinq planètes sont connues parce que visibles à l'œil nu : il s'agit de Mercure, de Vénus, de Mars, de Jupiter et de Saturne. Toutes les autres planètes sont uniquement visibles dans des instruments astronomiques. Uranus a été découverte par hasard par William Herschel (1738-1822) en 1781. Neptune a été découverte par Johann Galle (1812-1910) en 1846 d'après les calculs de Urbain Le Verrier (1811-1877) et de John Couch Adams (1819-1892). Enfin Pluton fut découverte en 1930 par Clyde Tombaugh (1906-1997).

En 2006, l'Union Astronomique Internationale a adopté de nouvelles définitions des astres du système solaire en les classant en trois catégories : les planètes, les planètes naines, les petits corps. Désormais, une planète est un corps céleste qui est en orbite autour du Soleil, qui a une masse suffisante pour que sa gravité le maintienne en équilibre hydrostatique sous une forme presque sphérique et qui a éliminé tout corps susceptible de se déplacer sur une orbite proche. La différence entre une planète et une planète naine tient à ce que cette dernière n'a pas « nettoyé » son environnement orbital. Ainsi Pluton est devenue une planète naine, tout comme Cérès, découverte par Giuseppe Piazzi (1746-1826) en 1801. Le système solaire comporte donc huit planètes qui sont Mercure, Vénus, la Terre, Mars, Jupiter, Saturne, Uranus et Neptune et cinq planètes naines (Pluton, Cérès, Éris,

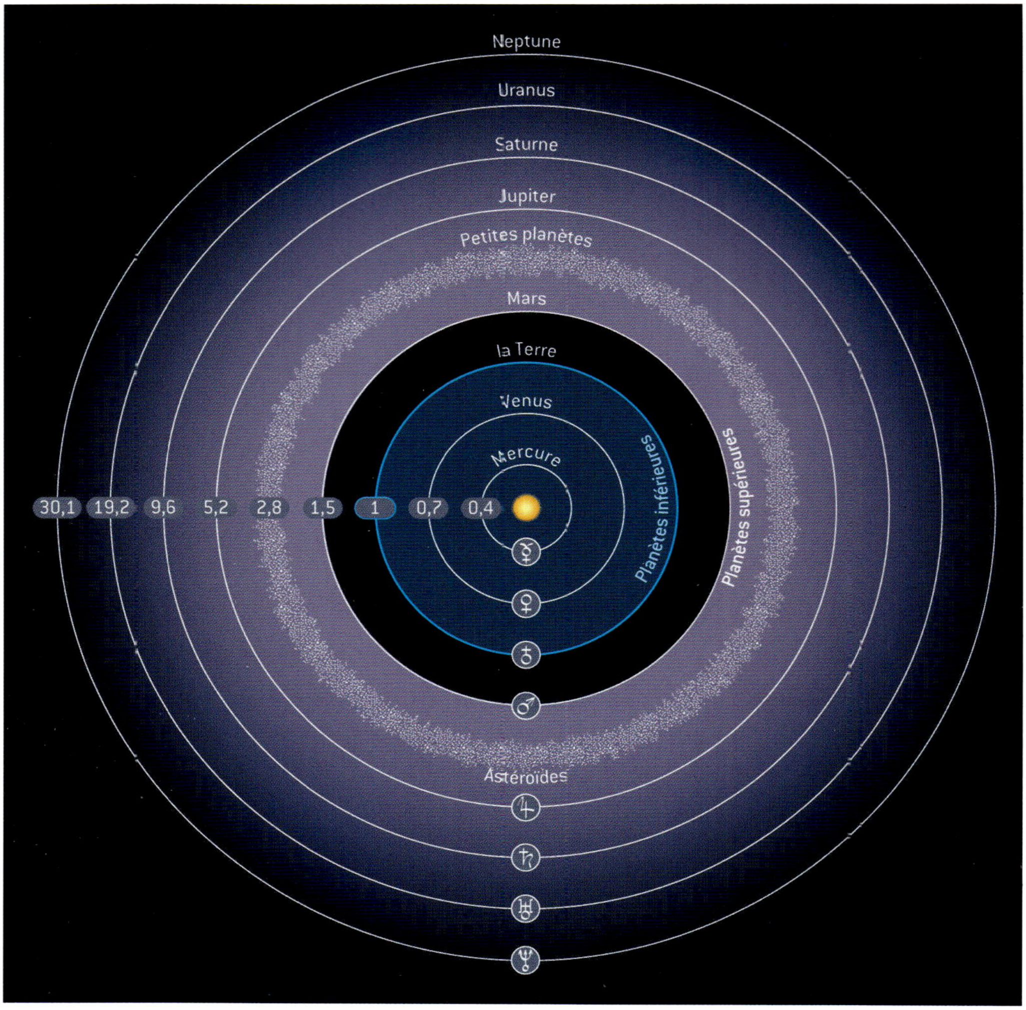

***Fig. 1** : Distance moyenne des planètes au Soleil.*
Autour du Soleil gravitent huit planètes principales. Les planètes situées entre le Soleil et la Terre sont les planètes inférieures. Les planètes situées au-delà de la Terre sont les planètes supérieures.

Haumea, Makemake). Il existe également des astéroïdes (qui sont des petits corps) dont la plupart gravitent entre Mars et Jupiter. Enfin il existe aux confins du système solaire des objets transneptuniens ou objets de Kuiper.

Le mot "planètes" signifie étymologiquement "astres errants" : elles se déplacent donc devant les étoiles, toujours près de l'écliptique. En pratique, les planètes sont donc à rechercher dans les constellations zodiacales. Comme la Lune, les planètes (et leur satellites) ne sont pas lumineuses par elles-mêmes : elles réfléchissent la lumière du Soleil. La plus brillante est Vénus, aussi appelée "l'étoile du berger".

Leur observation montre que tantôt les planètes se déplacent dans le sens direct, tantôt dans le sens rétrograde.

Comprendre pourquoi les planètes présentent des rétrogradations a constitué pendant des siècles un défi pour les astronomes (voir encadré "Le mouvement des planètes chez Ptolémée").

C'est Copernic en 1543 qui a proposé que les planètes tournaient autour du Soleil (système héliocentrique) ; depuis le Soleil, on trouve dans l'ordre des distances croissantes : Mercure, Vénus, Terre, Mars, Jupiter, Saturne, Uranus, Neptune (**fig. 1**). On distingue les planètes inférieures, situées entre le Soleil et la Terre, et les planètes supérieures, situées au-delà de la Terre.

Chaque planète est caractérisée par sa distance au Soleil et par sa période de révolution. Toutes les planètes tournent autour du Soleil dans le même sens (sens observé depuis le pôle Nord de l'écliptique, soit le sens direct), mais à des vitesses différentes, puisque Mercure tourne en 88 jours environ et Neptune en 165 ans. La distance moyenne des planètes au Soleil varie de 58 millions de kilomètres pour Mercure à 4 515 millions de kilomètres pour Neptune.

Par rapport au groupe d'étoiles les plus voisines, le Soleil et son cortège de planètes semblent se déplacer vers un point du ciel appelé *apex* situé dans la constellation d'Hercule.

Lois de Kepler – Mouvement héliocentrique des planètes

C'est à partir des observations de Tycho Brahe (1546-1601) que Kepler (1571-1630) découvrit en 1609 que la Terre et Mars décrivaient des ellipses autour du Soleil. Il énonça trois lois (la troisième date de 1618) qui sont les suivantes :

- les planètes décrivent autour du Soleil des ellipses dont le Soleil occupe un foyer
- le rayon vecteur Soleil-planète balaie des aires proportionnelles au temps
- les carrés des temps des révolutions sont proportionnels aux cubes des grands axes

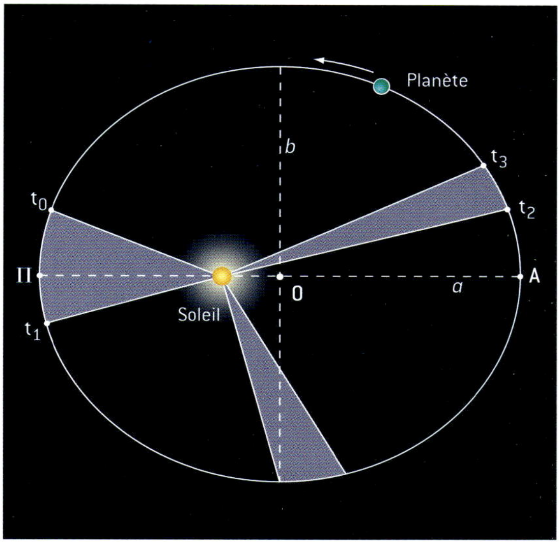

***Fig. 2** : Les deux premières lois de Kepler. Les planètes décrivent autour du Soleil des ellipses (1re loi). Une planète met le même temps pour aller de t_0 en t_1 que pour aller de t_2 en t_3 : elle se déplace donc plus vite lorsqu'elle est près du Soleil et moins vite lorsqu'elle est loin. Les aires en bleu ont la même surface.*

Soient (**fig. 2**) a le demi-grand axe de l'ellipse, b le demi-petit axe et e l'excentricité de l'orbite. On a, S étant le Soleil, O le centre de l'ellipse, Π le périhélie (point de l'ellipse où la planète est le plus proche du Soleil), A l'aphélie (point de l'ellipse où la planète est le plus loin du Soleil) :

$$O\Pi = a$$
$$b = a\sqrt{1 - e^2}$$
$$OS = ae$$

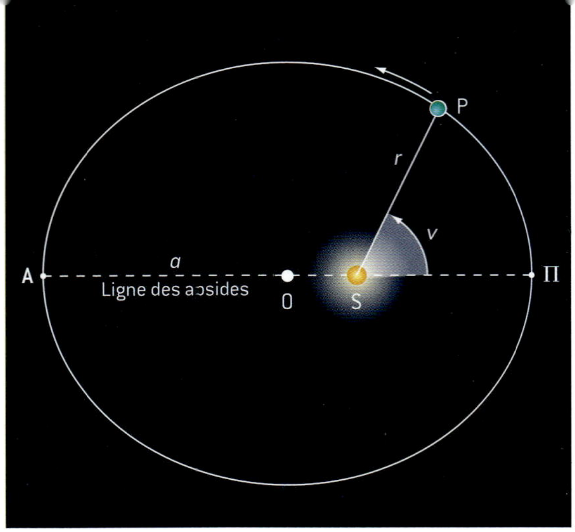

Fig. 3 : *Périhélie et aphélie. La planète P décrit une ellipse autour du Soleil S qui occupe un des foyers. On appelle rayon vecteur r la distance Soleil-planète : lorsque la planète passe en Π, elle est au périhélie ; lorsqu'elle passe en A, elle est à l'aphélie.*

L'aplatissement f de l'ellipse s'obtient par : $f = \frac{a-b}{a}$, soit $1 - \sqrt{1 - e^2}$

Les excentricités des orbites sont globalement faibles : pour la Terre $e = 0{,}017$; pour Mars $e = 0{,}093$; pour Mercure $e = 0{,}206$. Les orbites planétaires sont donc faiblement aplaties. On considérera par la suite que l'aplatissement étant négligeable, l'orbite keplérienne peut être confondue avec un cercle de rayon a (**fig. 3**).

La droite qui joint le périhélie à l'aphélie et qui passe par le Soleil et le centre de l'ellipse est appelée ligne des apsides. Le Soleil se trouve donc à la distance ae du centre O. On appelle r le rayon vecteur qui joint le Soleil S à la planète P.

L'angle, compté depuis le périhélie, que fait le rayon vecteur avec la ligne des apsides, est appelé anomalie vraie ; on la note v. Le moyen mouvement n de la planète a pour expression : $n = 360° / T$

T étant la période de révolution sidérale de la planète. Si la planète parcourait son orbite circulaire avec une vitesse constante autour du point O, l'angle PОΠ augmenterait de façon uniforme ; cet angle s'appelle anomalie moyenne et on le note M. Si le temps t est compté depuis le passage au périhélie, on a $M = nt$.

Les astronomes expriment v et r par des développements en fonction de l'anomalie moyenne et de l'excentricité. On démontre que :

$$v = M + 2e \sin M + \frac{5}{4} e^2 \sin 2M + \ldots$$

$$r = a\,[1 - e \cos M + \frac{1}{2} e^2 (1 - \cos 2M) + \ldots]$$

On constate que l'anomalie vraie v ne croît pas de façon uniforme ; elle comporte une inégalité périodique qui porte le nom d'*équation du centre*, notée c. On a $c = v - M$. L'équation du centre est nulle au périhélie et à l'aphélie. En se limitant au premier terme ($2e$) de l'équation du centre, on trouve comme valeurs maximales que pour la Terre $c = 1°\,55'$; pour Mars $c = 10°\,39'$; pour Mercure $c = 23°\,36'$.

Pour définir l'orientation de l'orbite dans l'espace, il faut connaître l'inclinaison i de l'orbite par rapport à l'écliptique.

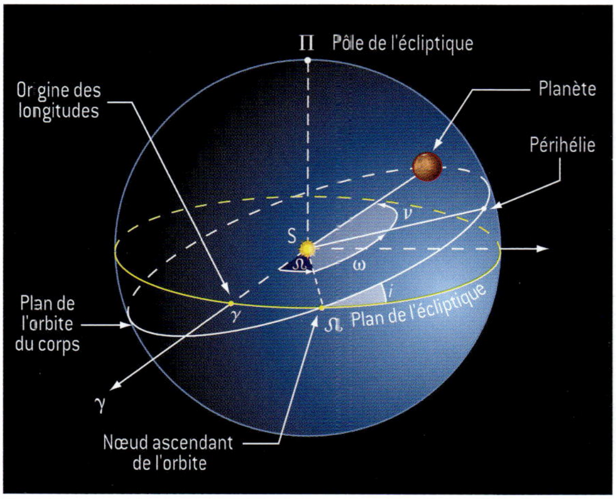

Fig. 5 : *Éléments de l'orbite d'une planète. La longitude du périhélie d'une planète est égale à Ω + ω.*

▶ Lois de Kepler et barycentre Terre-Lune

D'après les lois de Kepler, l'intervalle de temps séparant deux passages de la Terre à son périhélie est constant. Or, d'une année sur l'autre, on peut constater que la Terre passe au périhélie entre le 1er et le 4 janvier, et que l'intervalle entre deux passages oscille entre 363 jours et 367 jours. Il faut se souvenir qu'en réalité, c'est le barycentre du système Terre-Lune qu'il faut prendre en considération lorsqu'on affirme que la Terre obéit aux lois de Kepler. Actuellement, le barycentre passe au périhélie le 3 janvier; le fait que la Terre puisse passer plus tard ou plus tôt au périhélie est principalement dû à l'action perturbatrice de la Lune qui provoque une oscillation de la Terre autour de l'orbite elliptique du barycentre (**fig.** 4).

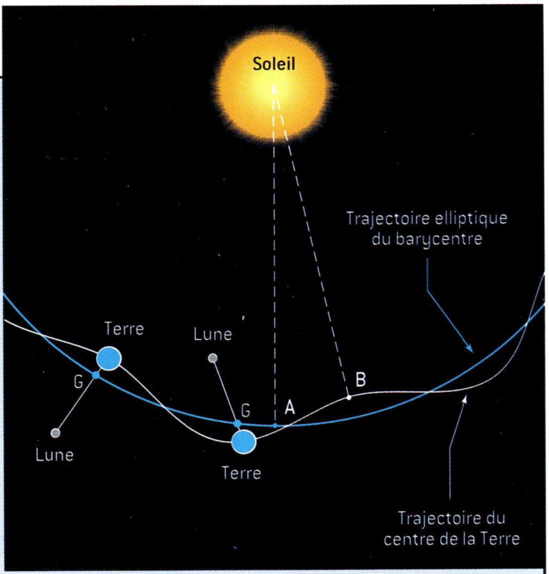

Fig. 4 *: Barycentre du système Terre-Lune.*
Supposons que le centre de gravité G passe au périhélie en A : dans ce cas, le centre T de la Terre continue de s'approcher du Soleil et c'est seulement en B que la Terre sera le plus proche du Soleil. Pour la clarté du dessin, les rapports des distances n'ont pas été respectés.

Les inclinaisons sont généralement faibles, sauf pour Mercure (i = 7° 00′). Quant à la ligne des nœuds, c'est l'intersection du plan de l'orbite de la planète avec le plan de l'écliptique; cette ligne des nœuds est positionnée lorsque l'on connaît la longitude héliocentrique Ω du nœud ascendant de l'orbite (**fig.** 5, page précédente).

Les lois de Kepler ne s'appliquent que si l'on prend le Soleil comme centre; on peut donc définir les coordonnées héliocentriques* des planètes, qui sont la longitude et la latitude héliocentriques (**fig.** 6). La longitude héliocentrique est la distance angulaire, dans le plan de l'écliptique, entre la direction de la planète et la direction du point vernal. La latitude héliocentrique est la distance angulaire d'une planète au plan de l'écliptique.

Rappelons enfin que l'unité astronomique (UA) vaut sensiblement 150 000 000 km (valeur exacte : 149 597 870,7 km).

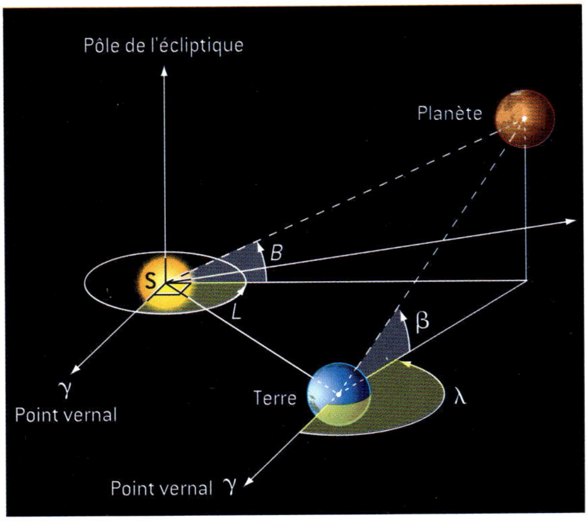

Fig. 6 *: Coordonnées héliocentriques et géocentriques d'une planète.*

	Période de révolution (en jours)	Période de rotation (heures ou jours)	Demi-grand axe de l'orbite (UA)	Excentricité	Inclinaison	Longitude du périhélie (en 2021)	Longitude du nœud ascendant (en 2021)
Mercure	87,969255	58,646146 j	0,3871	0,206	7,00°	77,783°	48,58°
Vénus	224,700798	– 243,018484 j	0,7233	0,007	3,39°	131,858°	76,87°
Terre	365,256360	23,934471 h	1,0000	0,017	–	103,298°	–
Mars	686,979846	24,622962 h	1,5237	0,093	1,85°	336,447°	49,72°
Jupiter	4332,589343	9,924920 h	5,2026	0,048	1,30°	14,670°	100,68°
Saturne	10759,227606	10,656222 h	9,5549	0,055	2,49°	93,47°	113,85°
Uranus	30688,452829	– 17,240000 h	19,2184	0,046	0,77°	173,317°	74,12°
Neptune	60182,390243	15,966300 h	30,1104	0,009	1,77°	48,420°	132,02°

Mouvement géocentrique des planètes

Les planètes, on l'a vu, tournent toutes autour du Soleil dans le même sens, mais à des vitesses différentes. Pour un observateur extérieur au système solaire, il va donc se produire des configurations remarquables (**fig.** 7) : à certaines époques, le Soleil, la Terre et la planète vont être alignés (la planète est en opposition avec le Soleil) tandis qu'à d'autres, c'est dans l'ordre planète, Soleil, Terre que l'alignement aura lieu (la planète est en conjonction avec le Soleil). Pour l'observateur terrestre, la visibilité d'une planète va dépendre de son élongation par rapport au Soleil, c'est-à-dire sa distance angulaire à l'astre du jour, comptée depuis la Terre de 0° à 180°, soit à l'Est (élongation orientale), soit à l'Ouest (élongation occidentale).

Révolution synodique

La révolution synodique θ d'une planète est l'intervalle moyen de temps entre deux conjonctions ou deux oppositions de la planète avec la Terre. On démontre que :

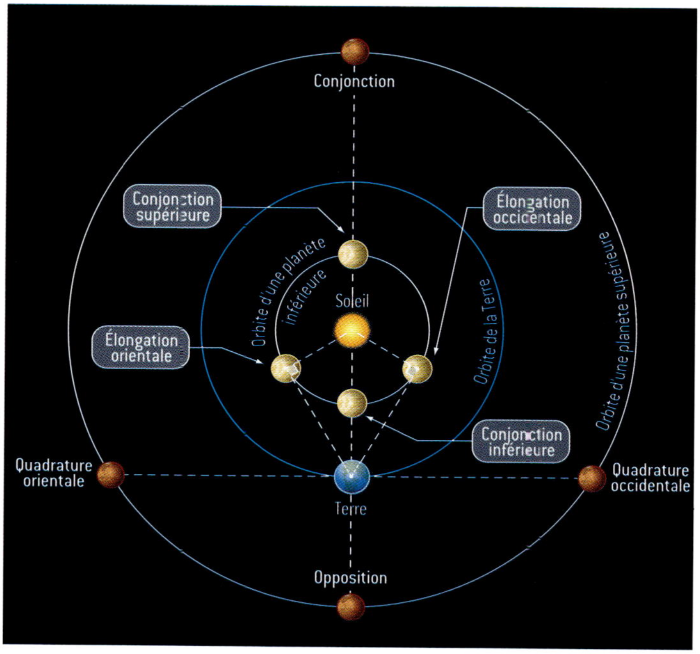

Fig. 7 *: Positions remarquables des planètes par rapport au Soleil et à la Terre.*

▶ Inclinaison de l'orbite et latitude écliptique

Lorsque l'on dit que Mars a son orbite inclinée de 1° 51′ sur le plan de l'écliptique, cela ne signifie pas pour autant qu'elle s'écarte au maximum de 1° 51′ de l'écliptique. Il ne faut pas confondre inclinaison du plan et latitude écliptique : pour un observateur situé au centre du Soleil (observateur héliocentrique), Mars ne peut s'écarter de plus de 1° 51′ du plan de l'écliptique. Mais pour un observateur situé au centre de la Terre (observateur géocentrique), l'écart angulaire de Mars à l'écliptique (la latitude écliptique de Mars) dépend de la latitude héliocentrique et du rapport des distances de la planète à la Terre et au Soleil.

Prenons par exemple le cas d'une opposition de Mars (**fig. 8**). Soient i l'inclinaison du plan orbital, β la latitude écliptique (vue de la Terre), SM la distance Soleil-Mars, TM la distance Terre-Mars et ST la distance Terre-Soleil (les distances sont exprimées en unité astronomique : ST = 1). On a :

$$SM \sin i = MM' \text{ et } TM \sin \beta = MM'$$
$$\text{d'où } \sin \beta = SM \sin i \,/\, TM$$

En prenant $i = 1°\ 51'$, SM = 1,5237 et TM = 0,5237, on a $\beta = \pm\ 5°\ 23'$

Ce qui signifie que Mars peut s'écarter au moins de 5° de l'écliptique en latitude. Cette valeur peut même dépasser 6° 40′ dans le cas d'une opposition périhélique.

Le cas de Vénus peut être traité de la même façon : en conjonction inférieure (planète V située entre le Soleil et la Terre), on a :

$$SV \sin i = VV' \text{ et } TV \sin \beta = VV'$$
$$\text{d'où } \sin \beta = SV \sin i \,/ TV$$

$$i = 3°\ 24' \qquad SV = 0{,}7233$$
$$TV = 0{,}2767 \qquad \beta = \pm\ 8°\ 55'$$

De toutes les planètes visibles à l'œil nu, Vénus est celle qui peut s'écarter le plus de l'écliptique. Ce qui explique la largeur de la zone zodiacale. Ce considérable écart de Vénus par rapport à l'écliptique fait qu'exceptionnellement la planète peut être astre du soir et du matin le même jour au moment de sa conjonction inférieure.

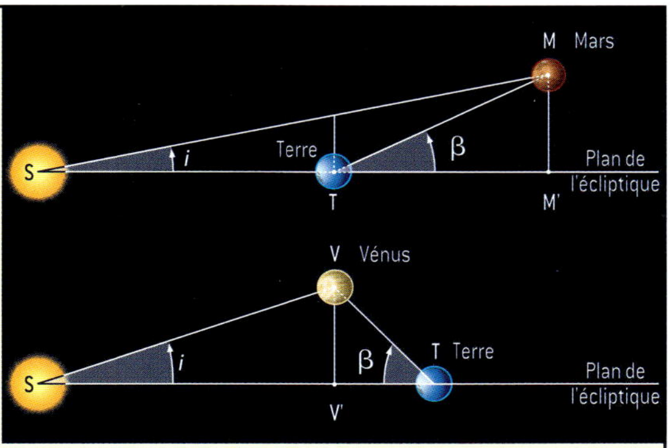

Fig. 8 **: Inclinaison de l'orbite et latitude géocentrique d'une planète inférieure (Vénus) et d'une planète supérieure (Mars).**

$$\theta = \frac{360°}{|n' - n|}$$

n' étant le moyen mouvement de la planète et n le moyen mouvement de la Terre. Par exemple pour Mars, on a T' = 686,980 jours, d'où n' = 0,524033 ; pour la Terre, T = 365,256 jours, d'où n = 0,98561 ; finalement on a :

$$\theta = 779{,}93 \text{ jours,}$$

ce qui signifie que tous les 780 jours environ, le Soleil, la Terre et Mars sont alignés.

Mouvement géocentrique des planètes inférieures

Les planètes Mercure et Vénus ne s'écartent que peu du Soleil, vues depuis la Terre : on ne peut donc les voir que le soir ou que le matin, mais jamais en

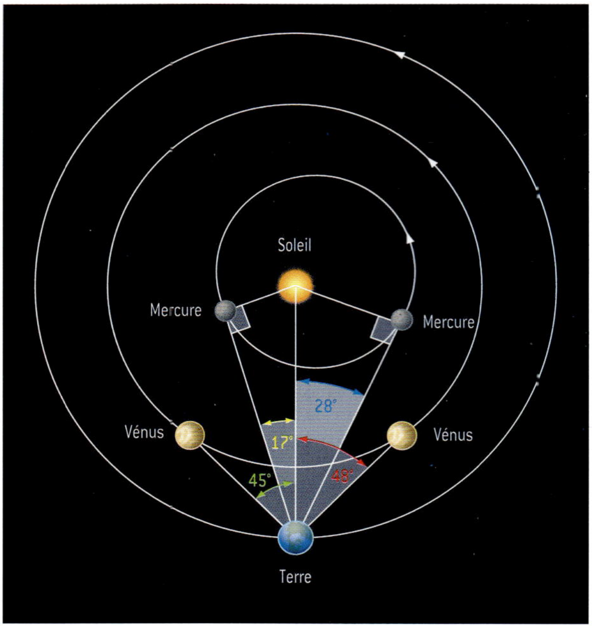

Fig. 9 : Inégalités dans les élongations des planètes inférieures.

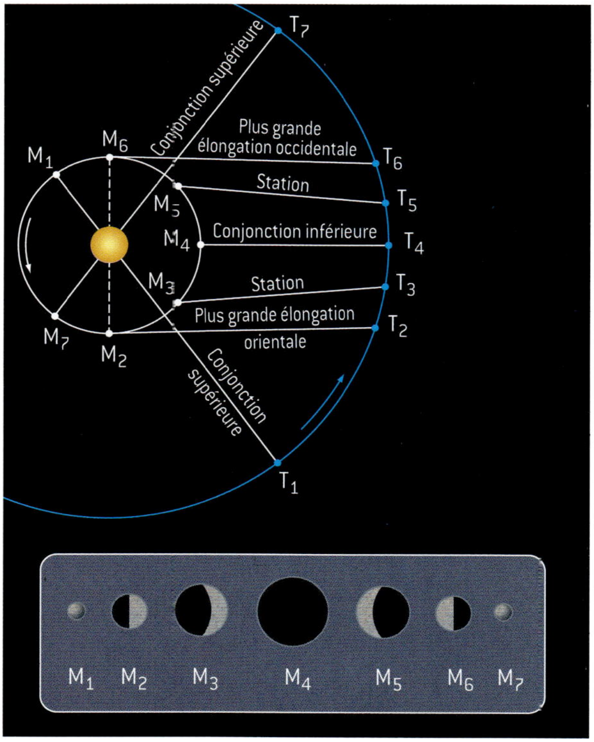

Fig. 10 : Phases du mouvement géocentrique d'une planète inférieure (Mercure)

milieu de nuit. C'est lorsqu'elles sont en élongation qu'elles sont théoriquement le mieux visibles. Elles sont évidemment invisibles lorsqu'elles sont en conjonction avec le Soleil.

Les valeurs maximales de l'élongation sont comprises entre 17° et 28° pour Mercure (l'écart est dû à la forte excentricité de l'orbite), et 45° à 48° pour Vénus. Lorsqu'une planète est en élongation maximale, le triangle Soleil-planète-Terre est rectangle (**fig. 9**).

Lorsqu'une planète est en élongation occidentale (elle est à l'Ouest du Soleil), elle est visible le matin ; inversement, lorsqu'une planète est en élongation orientale (elle est à l'Est du Soleil), elle est visible le soir. Mais l'élongation seule ne conditionne pas uniquement la visibilité : pour être bien visible, il faut aussi prendre en compte la différence de déclinaison avec le Soleil.

Pour Mercure, les élongations orientales les plus favorables, sous nos latitudes, sont celles du printemps, lorsqu'au coucher du Soleil, l'écliptique est peu incliné sur l'horizon Ouest : Mercure peut se coucher 2 h après le Soleil. Les élongations orientales ayant lieu à d'autres époques de l'année sont moins favorables.

De la même façon, les élongations occidentales les plus favorables ont lieu à la fin de l'été et au début de l'automne, le matin.

Sous nos latitudes, les plus grandes élongations de Mercure (élon-

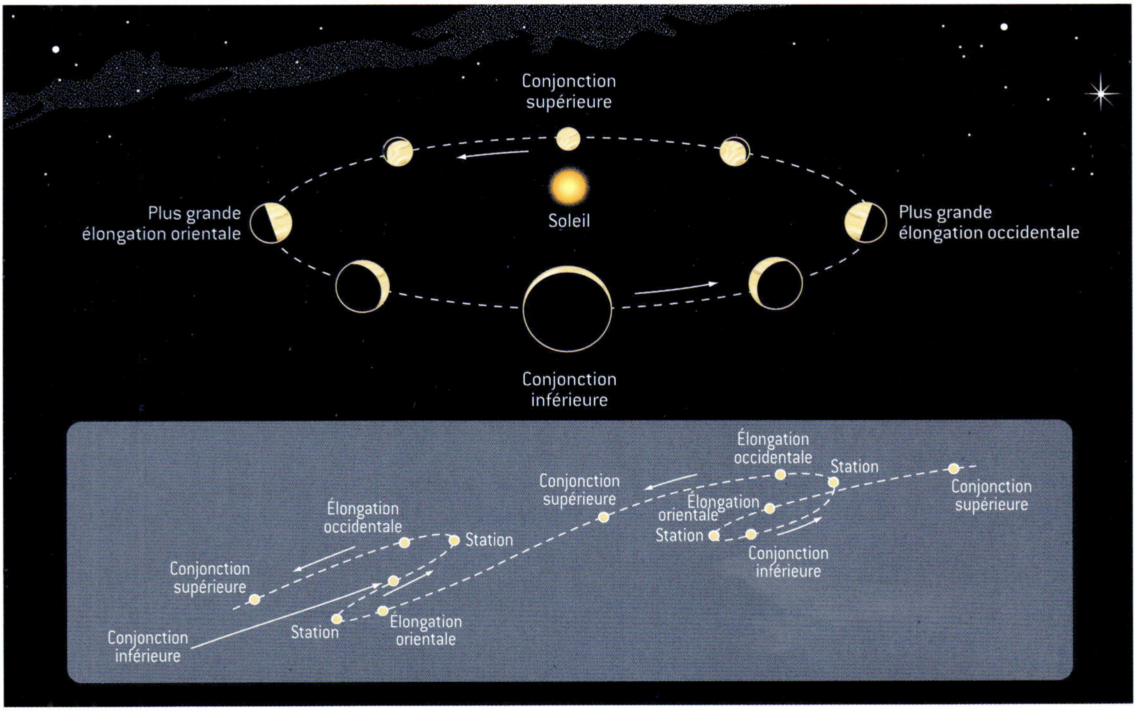

***Fig. 11** : Phases de Vénus au cours d'une révolution synodique.*

gation de 28°) constituent un cas défavorable pour l'observation. Par contre dans l'hémisphère Sud, Mercure peut se lever ou se coucher avec des écarts voisins de 3 h 30 m par rapport au Soleil.

En ce qui concerne Vénus, les élongations maximales sont toujours voisines de 46°. Dans ce cas, seule la différence de déclinaison entre Vénus et le Soleil entre en jeu. Le soir au printemps, Vénus peut se coucher 4 h 30 m après le Soleil, et le matin en automne se lever 4 h 30 m avant lui.

Étudions le mouvement géocentrique de la planète Mercure (**fig. 10**) : en M_1, la planète est en conjonction supérieure avec le Soleil : étant située de l'autre côté du Soleil, elle est invisible. Environ 36 jours plus tard, Mercure est en M_2, à sa plus grande élongation orientale : on la voit le soir après le coucher du Soleil dans le crépuscule. Jusque-là, le mouvement de Mercure était direct (la planète se déplace d'Ouest en Est) ; en M_3, 11 jours en moyenne après l'élongation, la planète devient stationnaire. Puis 11 jours après la station environ, Mercure rétrograde et se trouve en conjonction inférieure (M_4) avec le Soleil : elle est invisible. Puis les mêmes phénomènes se reproduisent dans l'ordre inverse. La planète redevient stationnaire (M_5), passe en élongation occidentale M_6 (visible le matin dans l'aube) puis à nouveau passe en conjonction supérieure. Il s'est écoulé une révolution synodique, soit 116 jours environ.

La planète Vénus offre les mêmes phénomènes, mais son mouvement est beaucoup plus lent puisqu'une

▶ Éclat des planètes

Les planètes peuvent présenter des éclats très variables selon leur situation par rapport au Soleil et à la Terre. Mercure offre son plus grand éclat au moment de sa conjonction supérieure (magnitude – 2), alors que pour Vénus, c'est 5 semaines avant ou après sa conjonction inférieure (magnitude – 4,3). Mercure et Vénus peuvent d'ailleurs être visibles en plein jour dans un petit instrument astronomique.
Pour les planètes supérieures, c'est au voisinage de l'opposition qu'elles brillent le plus : Jupiter atteint une magnitude de – 2,1 et Saturne de – 0,2. Mars est un cas un peu spécial, car en raison de l'excentricité de son orbite, elle peut se rapprocher fortement de la Terre : lors d'une opposition périhélique, sa magnitude peut atteindre – 2,7, tandis que lors d'une opposition aphélique, son éclat ne dépasse pas – 1,0. Notons qu'en théorie, Uranus peut être visible à l'œil nu puisque sa magnitude reste voisine de + 6.

révolution synodique de Vénus dure 584 jours en moyenne.

Comme la Lune, Mercure et Vénus présentent des phases, visibles dans un instrument astronomique. La découverte des phases de Vénus par Galilée en 1610 a permis de montrer que leur succession était incompatible avec le modèle de Ptolémée et que Vénus tournait autour du Soleil (**fig. 11**) ; cela ne prouvait cependant pas qu'il en était de même pour la Terre.

Notons que si les orbites de Mercure et de Vénus coïncidaient avec le plan de l'écliptique, on verrait à chaque révolution synodique un passage de la planète devant le Soleil lors d'une conjonction inférieure. Mais comme on le sait, tel n'est pas le cas : les passages n'ont lieu d'une part que lorsque la Terre traverse la ligne des nœuds des orbites. Ce qui a lieu pour Mercure vers le 7 mai (nœud descendant) et le 9 novembre (nœud ascendant), et vers le 7 juin (nœud descendant) et le 8 décembre (nœud ascendant) pour Vénus. Mais il faut en plus qu'à ces époques la planète soit en conjonction inférieure. Les deux critères sont rarement réunis : pour Mercure, on observe un passage 13 ou 14 fois par siècle, tandis que pour Vénus, on en observe 4 en 243 ans (voir encadré p. 124).

Mouvement géocentrique des planètes supérieures

Les planètes supérieures peuvent se trouver à l'opposé du Soleil, de sorte que leur mouvement géocentrique est différent de celui de Mercure et Vénus. Contrairement à ces dernières, les planètes supérieures rétrogradent au voisinage de leur opposition. Tout se passe comme si roulant dans un train à vitesse constante, on double une voiture sur une route parallèle se déplaçant à une vitesse inférieure : on a alors l'impression que pendant un certain temps, la voiture recule par rapport au paysage (**fig. 12**).

Etudions le mouvement géocentrique de la planète Jupiter (**fig. 13**) : en J_1, la planète est en conjonction avec le Soleil : elle est invisible. En J_2, Jupiter est en quadrature occidentale avec le Soleil : le triangle Jupiter-Terre-Soleil vaut 90°. La planète se lève alors au milieu de la nuit. En J_3, la planète devient stationnaire par

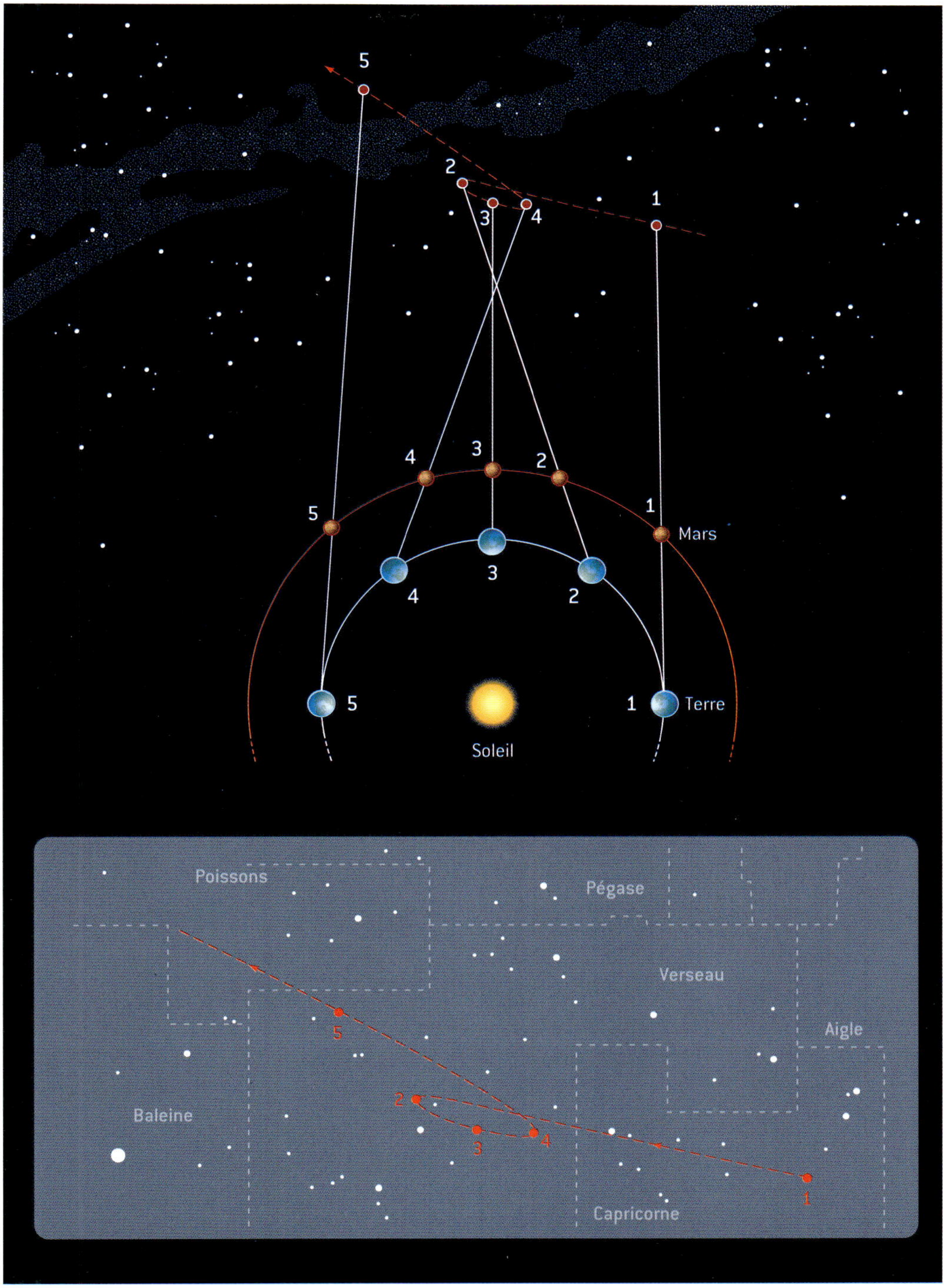

***Fig. 12** : Principe de la rétrogradation de la planète Mars. La Terre parcourt son orbite en 1 ans et Mars en 2 ans : lorsque la Terre rattrape et double Mars, celle-ci semble rebrousser chemin sur le fond étoilé. La boucle de rétrogradation est donc la conséquence d'une composition des vitesses.*

	Révolution sidérale (en jours)	Révolution synodique moyenne (en jours)	Durée moyenne de rétrogradation (en jours)	Arc moyen de rétrogradation
Mercure	87,969	115,88	23	13° 49′
Vénus	224,701	583,92	42	16° 09′
Mars	686,980	779,93	73	15° 57′
Jupiter	4 332,59	398,88	121	9° 58′
Saturne	10 759,2	378,09	138	6° 47′
Uranus	30 688,5	369,66	152	4° 04′
Neptune	60 182,3	367,49	158	2° 49′

rapport aux étoiles ; elle commence ensuite à rétrograder puis passe à l'opposition en J_4 : la planète se lève lorsque le Soleil se couche et passe au méridien à minuit local : elle est dans les conditions les plus favorables pour l'observation. Après l'opposition, la planète continue de rétrograder jusqu'à sa deuxième station en J_5. En moyenne, Jupiter rétrograde devant les étoiles pendant 121 jours. Puis en J_6, Jupiter passe en quadrature orientale ; elle passe alors au méridien vers 18 h local et reste visible la première partie de la nuit. Ensuite Jupiter se rapproche du Soleil ; elle se couche de plus en plus tôt et finit par disparaître lors de sa conjonction avec l'astre du jour. Il s'est écoulé une révolution synodique, soit 399 jours environ.

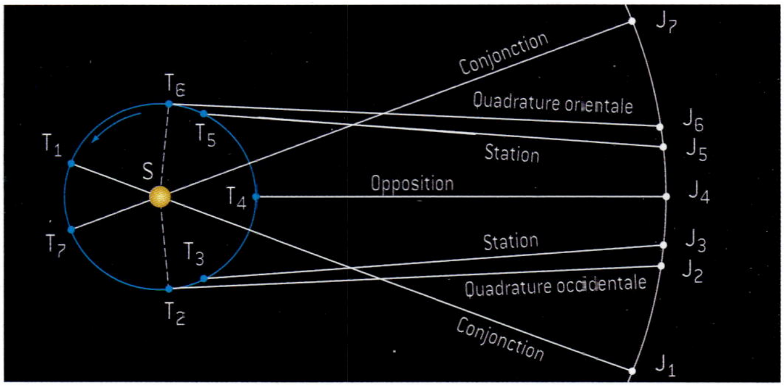

***Fig. 13** : Phases du mouvement géocentrique d'une planète supérieure (Jupiter).*

Notons que Mars est la seule planète qui, lors d'une révolution synodique, passe au moins une fois dans chacune des constellations du zodiaque. Tandis que pour les autres planètes supérieures, l'arc qu'elles parcourent dans le zodiaque entre deux oppositions est plus faible : Jupiter parcourt en moyenne 33°, Saturne 13°, Uranus 4° et Neptune 2°. Comme l'excentricité de l'orbite de Mars est assez importante, sa distance à la Terre lors d'une opposition est très variable ; il s'ensuit que son arc de rétrogradation varie de 9° pour une opposition périhélique (qui se produit à l'époque actuelle en août ou en septembre) à 20° pour une opposition aphélique (qui a lieu en février ou mars).

On notera enfin que les boucles de rétrogradation sont sinueuses ou bouclées, comme d'ailleurs les boucles des planètes inférieures : cela tient au fait que les orbites planétaires étant inclinées, les planètes s'écartent de l'écliptique d'une certaine quantité (la latitude écliptique), laquelle est responsable de l'aspect de la boucle.

Il arrive fréquemment que les planètes passent très près les unes des autres ; lorsqu'elles ont la même longitude écliptique, on dit qu'elles sont en conjonction. Certaines se produisent à des intervalles assez réguliers, comme par exemple Jupiter et Saturne qui sont en conjonction tous les 20 ans environ.

Pour savoir si une planète est visible, il est indispensable de posséder des éphémérides.

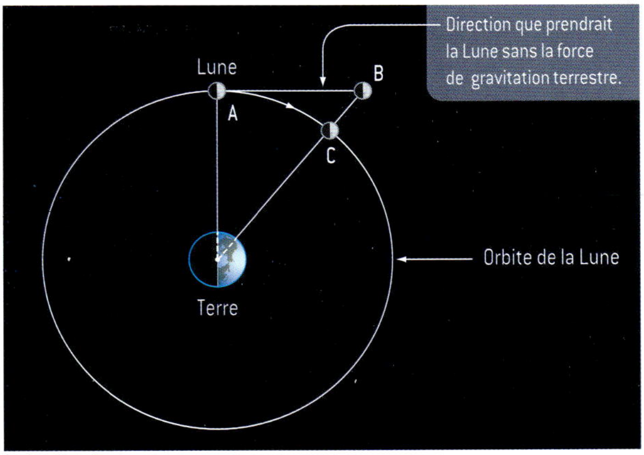

***Fig. 14** : Tout comme la pomme de Newton, la Lune "tombe" sur la Terre : livrée à elle-même, la Lune irait en B. Soumise à la gravitation, elle va en C.*

Loi de Newton

En 1687, Newton énonça dans ses *Principia* une loi générale dont il déduisit les lois de Kepler : deux points matériels A et B, de masse m et m', situés à la distance r l'un de l'autre, exercent l'un sur l'autre une force de gravitation, dirigée suivant AB, directement proportionnelle aux masses et inversement proportionnelle au carré de la distance.

Cette loi, aussi appelée loi de la gravitation universelle, permet d'expliquer qu'une planète de masse m, tournant autour du Soleil de masse M, décrit une courbe plane. Les dimensions et la forme de la courbe dépendent des conditions initiales (position et vitesse) ; pour les planètes, cette courbe est une ellipse dont le Soleil occupe l'un des foyers. Pour certaines comètes, on peut avoir des orbites paraboliques et hyperboliques.

En poursuivant, on montre qu'il existe une relation entre la période de révolution sidérale T de la planète et le demi-grand axe a de son orbite :

$$\frac{a^3}{T^2} = \frac{G}{4\pi^2}(M + m)$$

G étant la constante de gravitation ($6{,}67259 \times 10^{-11} m^3 kg^{-1} s^{-2}$).

La loi de Newton montre donc que les planètes sont maintenues sur leur orbite par une force attractive émanant du Soleil, et que la nature de la courbe (ellipse, parabole, hyperbole) découle de cette loi.

Dans les faits, toutes les planètes du système solaire s'attirent les unes les autres. Le résultat de toutes ces attractions — les perturbations —, est de modifier les trajectoires de façon sensible.

L'épisode de la chute de la pomme, conté par Voltaire, semble relever de la légende : Newton, dans le verger de la maison de ses parents, vit tomber une pomme et se demanda si la pomme serait tombée si elle avait été placée plus haut.

La réponse étant "oui", pourquoi dans ce cas la Lune ne tombait pas

▶ Vitesse d'un corps sur une orbite elliptique

La vitesse v instantanée (en km / s) d'un corps décrivant une ellipse autour du Soleil est donnée par :

$$V = 42{,}1219\sqrt{\frac{1}{r} - \frac{1}{2a}}$$

r étant la distance du corps au Soleil et a le demi-grand axe de son orbite (r et a sont exprimées en unités astronomiques UA).

Par exemple pour la comète de Halley, on a : a = 17,9400782. Lorsque la comète se trouve à la distance r = 2 UA du Soleil (soit 300 000 000 km environ), la vitesse v vaut 28,94 km/s.

Si maintenant e est l'excentricité de l'orbite, la vitesse v_p (en km / s) au périhélie et v_a à l'aphélie s'obtient par :

$$V_p = \frac{29{,}7847}{\sqrt{a}}\sqrt{\frac{1+e}{1-e}}$$

$$V_a = \frac{29{,}7847}{\sqrt{a}}\sqrt{\frac{1-e}{1+e}}$$

Pour la comète de Halley, on a e = 0,9673. D'où v_p = 52,7 km/s et v_a = 0,91 km/s.

Pour la Terre, on a e = 0,017 et a = 1. D'où v_p = 30,3 km/s et v_a = 29,3 km/s.

sur Terre ? En 1629, Descartes avait énoncé le *principe d'inertie* qui stipule qu'un corps sur lequel n'agit aucune force se meut d'un mouvement rectiligne uniforme, ou bien reste au repos. Donc si la Lune n'était pas attirée vers la Terre par une force, elle poursuivrait sa trajectoire en ligne droite. De combien la Lune tombe vers la Terre à chaque seconde ?

Supposons que la Lune décrive un cercle de rayon r autour de la Terre ; on sait que r = 384 000 km (soit 3,84 x 10^8 m) et que la circonférence est parcourue en T = 27,3 jours (soit environ 2,6 x 10^6 s). La vitesse de la Lune sur son orbite est donc égale à $2\pi r / T$, soit 1 022 m/s.

Sur la **figure 14**, la Lune est en A ; sans la force de gravitation, la Lune serait en B une seconde plus tard (donc AB = 1 022 m). Or on sait qu'en fait elle arrive en C. Que vaut la distance BC ? On voit que $BT^2 = TA^2 + AB^2$ et BC = BT – TC. Soit :

$$BC = \sqrt{r^2 + (1022)^2} - r = 1{,}36 \text{ mm}$$

Donc la Lune "tombe" de 1,36 mm à chaque seconde vers la Terre.

On sait également qu'en 1 seconde, une pomme lachée verticalement sans vitesse initiale tombe de 4 900 mm ; autrement dit, la pomme chute 3 600 fois environ plus vite que la Lune. Or, la Lune étant située 60 fois plus loin du centre de la Terre que la pomme, on en déduit sur cet exemple que la gravitation est inversement proportionnelle au carré de la distance.

La distance des planètes

De l'Antiquité jusqu'à la fin du XVIIe siècle, la distance Terre-Soleil — et donc la distance des autres planètes au Soleil — est totalement erronée. Elle est fondée essentiellement sur une valeur obtenue par Aristarque de Samos (IIIe siècle av. J.-C.) : le Soleil est situé 19 fois plus loin que la Lune (en réalité près de 400 fois plus loin). Par la suite, Ptolémée a déduit — par des coïncidences numériques —, dans son ouvrage les *Hypothèses*

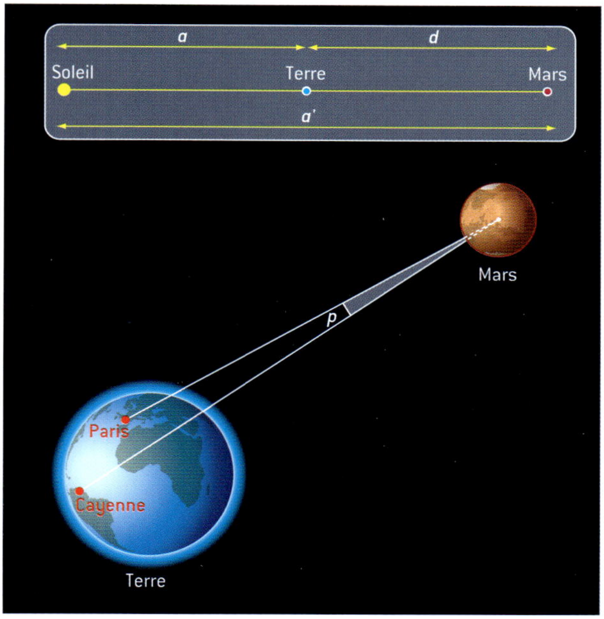

***Fig. 15** : Détermination de l'unité astronomique par la mesure de la parallaxe de Mars en 1672.*

Planétaires, des distances qui placent Saturne à 20 000 rayons terrestres.

Un des avantages du système de Copernic sur celui de Ptolémée est de mettre en évidence le lien simple qui existe entre la distance d'une planète au Soleil et sa période de révolution. Mais on ne connaissait à l'époque de Copernic que des distances relatives : on savait par exemple que la distance Soleil-Vénus valait 0,7 fois la distance Terre-Soleil, mais on ne savait pas combien valait la distance-Soleil en unité mesurable.

Au début du XVIIe siècle, Kepler découvre empiriquement une loi (appelée "troisième loi de Kepler") qu'il publie en 1618 dans son l'*Harmonice mundi* : les cubes des grands axes des orbites planétaires sont proportionnels aux carrés des périodes de révolution. En d'autres termes, si l'on connaît la distance Terre-Soleil et la période de révolution d'une planète autour du Soleil, on peut en déduire sa distance au Soleil. Comme on connaissait depuis longtemps toutes les périodes de révolution (de Mercure à Saturne), on pouvait grâce à cette troisième loi de Kepler obtenir toutes les distances des planètes au Soleil ; mais il fallait d'abord en mesurer une directement.

C'est seulement en 1672, avec la détermination de la parallaxe de la planète Mars à l'opposition par Jean-Dominique Cassini (1625-1712) et Jean Picard (1620-1682) en France et Jean Richer (1630-1696) à Cayenne, que l'on put déterminer précisément la distance Terre-Soleil pour en déduire les vraies dimensions du système solaire. Pour simplifier, supposons les orbites circulaires. Sur la **figure 15**, *a* est le demi-grand axe de l'orbite terrestre, *a'* le demi-grand axe de l'orbite de Mars. Si *T* est la période de révolution sidérale de la Terre et *T'* celle de Mars, on a, en vertu de la troisième loi de Kepler : $\frac{a^3}{T^2} = \frac{a'^3}{T'^2}$.

En mesurant la parallaxe de Mars à l'opposition, Cassini et Richer ont obtenu sa distance *d* à la Terre ; de sorte que l'on peut écrire : $\frac{a^3}{T^2} = \frac{(a+d)^3}{T'^2}$. D'où $a = \frac{d\sqrt[3]{k}}{1-\sqrt[3]{k}}$ avec $k = \frac{T^2}{T'^2}$.

Ayant déterminé le demi-grand axe de l'orbite de la Terre, on put alors obtenir toutes les autres distances des planètes au Soleil en unité mesurable (qui était à l'époque la lieue, soit environ 4 kilomètres).

C'est aussi Kepler au début du XVIIe siècle qui prédit pour la première fois les passages de Mercure et de Vénus

▶ Principe de la mesure de la distance Terre-Soleil par le passage de Vénus

Pour simplifier considérablement la méthode proposée par Halley au XVIIIe siècle, soit (**fig. 16**) deux observateurs A et B placés aux extrémités d'un diamètre terrestre, T étant le centre de la Terre, V la planète Vénus en conjonction inférieure et S le centre du Soleil. Les observateurs A et B voient Vénus se projeter en A' et en B' sur le Soleil.

a. Calculons la distance *A'B'* en kilomètres

Dans ce problème, on connaît le diamètre du Soleil (0° 32′), la période de révolution sidérale T de la Terre (365,256 jours) et de Vénus T' (224,701 jours).

On a $\frac{A'B'}{SV} = \frac{AB}{VT}$.

D'où $A'B' = AB\frac{SV}{VT}$.

D'après la troisième loi de Kepler, on a $\frac{ST^3}{T^2} = \frac{SV^3}{T'^2}$.

D'où $\frac{ST^3}{SV^3} = \frac{T^2}{T'^2}$; posons $\frac{T^2}{T'^2} = k$.

D'où $\frac{ST}{SV} = k^{\frac{1}{3}}$.

On peut écrire que $\frac{SV + VT}{SV} = k^{\frac{1}{3}}$.

D'où $\frac{SV}{VT} = \frac{1}{\left(k^{\frac{1}{3}}-1\right)}$.

On en déduit que $A'B' = \frac{AB}{\left(k^{\frac{1}{3}}-1\right)}$.

Avec les valeurs numériques précédentes, et en prenant AB = 4 000 km, on obtient A'B' = 10 458 km.

b. Estimons le diamètre du Soleil en kilomètres

Utilisant la méthode de Halley, les deux observateurs notent chacun les instants de contact de Vénus sur le disque solaire. On obtient par comparaison des deux mesures la distance A'B'. Si l'image du Soleil fait 10 centimètres de diamètre, ils obtiennent A'B' = 0,0747 cm. Donc si 0,0747 cm représente 10 458 km, on en déduit par une simple règle de trois que 10 cm représentent 1 400 000 km, c'est-à-dire le diamètre du Soleil en kilomètres.

c. Déduisons la distance Terre-Soleil

Depuis la Terre, on voit le Soleil sous un diamètre de 0° 32′.

On a donc $ST = \frac{r}{\tan(0°16')}$, *r* étant le rayon du Soleil en kilomètres. On obtient comme distance Terre-Soleil 150 400 335 km.

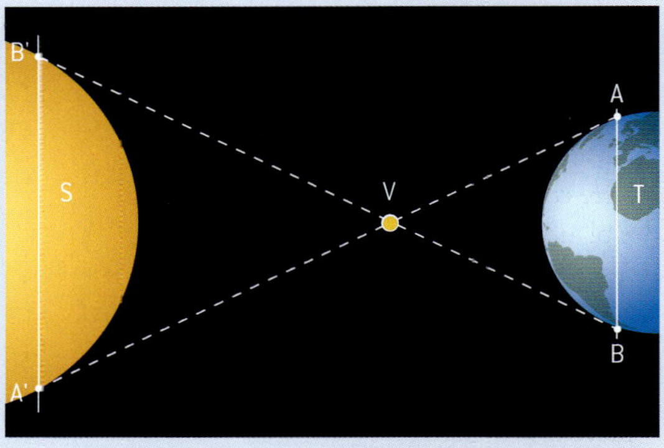

***Fig. 16* : Principe de la mesure de la distance Terre-Soleil par le passage de Vénus devant le Soleil.**

devant le Soleil. En 1716, l'astronome anglais Edmund Halley (1656-1742) développa l'idée qu'on pouvait déterminer la distance Terre-Soleil par leur observation (voir encadré). En théorie, il suffit de noter par l'observation l'instant de contact de Vénus avec le disque solaire, puis en déduire la longueur de la corde décrite par Vénus devant le Soleil. Or cette distance dépend du lieu d'observation, d'où les nombreuses missions effectuées dans le monde lors des passages de 1761 et 1769, puis de 1874 et 1882.

Halley pensait qu'on pouvait noter les instants de contact avec une grande précision : l'expérience n'a pas justifié cet espoir. L'agitation des images, les fausses apparences dues à la diffraction de la lumière par l'instrument (goutte noire), etc, ont rendu la méthode très approximative.

Au début du XXe siècle, les astronomes appliquèrent la méthode utilisée pour mesurer la parallaxe de Mars à des petites planètes qui peuvent se rapprocher assez près de la Terre, notamment à Éros, ce qui permit d'améliorer grandement la valeur de la distance Terre-Soleil. Depuis, on utilise des méthodes directes comme le radar.

▶ Le mouvement des planètes chez Ptolémée

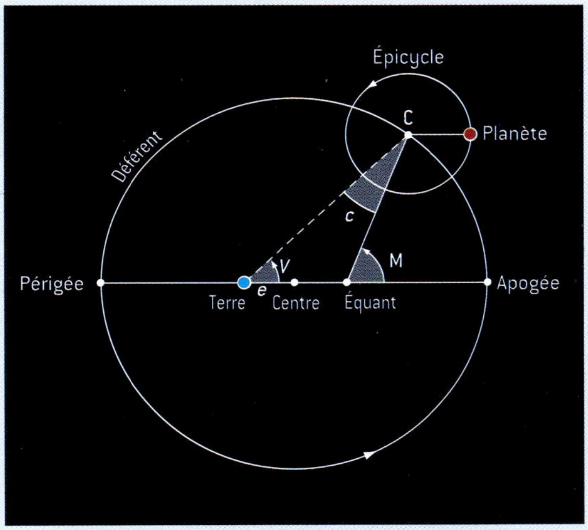

***Fig. 17** : Mouvement d'une planète supérieure chez Ptolémée.*

L'astronome grec Ptolémée (IIe siècle apr. J.-C.) a largement exposé dans son ouvrage *Almageste* ("Composition mathématique" en grec) la théorie des planètes. Son système est géocentrique : la Terre, immobile, est située au centre du monde. Depuis la Terre, on trouve la Lune, Mercure, Vénus, le Soleil, Mars, Jupiter, Saturne puis la sphère des étoiles. Cette sphère tourne d'Est en Ouest en 24 heures en entraînant tous les autres astres, ce qui permet d'expliquer le mouvement diurne. Mais pour rendre compte du mouvement apparent des planètes, qui est tantôt direct, tantôt rétrograde, Ptolémée reprend l'idée des épicycles développée par Apollonius de Perge (IIIe siècle av. J.-C.) : une planète P parcourt un petit cercle, appelé "épicycle", en une révolution synodique, tandis que le centre C de l'épicycle parcourt le déférent en une révolution sidérale. En composant les deux mouvements, on voit que, depuis la Terre, la planète peut avoir un mouvement direct ou rétrograde.

Pour les planètes Mars, Jupiter et Saturne, Ptolémée se rend compte qu'on ne peut expliquer complètement l'amplitude des boucles de rétrogradations (qui sont plus ou moins importantes — essentiellement pour Mars — selon que l'opposition est aphélique ou périhélique pour un astronome moderne) en plaçant la Terre au centre du déférent. Il imagine donc (**fig.** 17) sur la ligne des apsides un point E, appelé point équant, situé à la distance e du centre du déférent, la Terre étant elle-même excentrée du centre de la même quantité (de sorte que la Terre est située à la distance 2*e* du point équant), *e* étant l'excentricité de la planète : l'angle M entre le rayon vecteur EC et la ligne des apsides croît de façon uniforme en fonction d'un angle (anomalie moyenne), de sorte que l'angle V entre le rayon vecteur TC et la ligne des apsides (anomalie vraie) ne croît plus de façon uniforme. Ptolémée rend ainsi compte de l'équation du centre (angle ECT), principale inégalité qui affecte le mouvement des astres. Ce système à équant permet également d'expliquer les inégalités des boucles ▶

de rétrogradations, surtout pour Mars, puisque la planète peut rétrograder plus ou moins près de la Terre.

Pour les planètes Mercure et Vénus, Ptolémée imagine le modèle suivant (**fig. 18**) : le centre C de l'épicycle de la planète est situé sur la droite joignant la Terre au Soleil. Il s'ensuit que la planète, vue depuis la Terre, semble osciller de part et d'autre du Soleil, ce qui permet d'expliquer pourquoi Mercure et Vénus sont tantôt visibles le soir, tantôt visibles le matin.

Le système de Ptolémée permettait de calculer la position des planètes avec une précision comparable à celle des observations. En d'autres termes, Ptolémée pouvait calculer l'époque d'une conjonction, d'une opposition, et de prévoir dans quelle constellation se situait une planète.

Un point essentiel est à retenir de ce système : l'épicycle sur lequel tourne la planète n'existe que pour compenser l'immobilité de la Terre ; cet artifice disparaîtra d'ailleurs chez Copernic. Cependant, bien qu'erroné d'un point de vue cosmologique, le système de Ptolémée permettait de rendre compte aussi bien que le système de Copernic de la position des planètes.

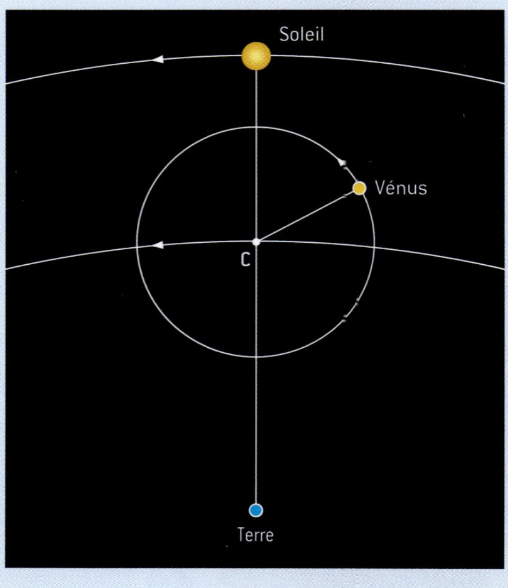

***Fig. 18* : Mouvement d'une planète inférieure chez Ptolémée.**

Copernic

C'est en 1543 que Nicolas Copernic (1473-1543) publie le *De revolutionibus orbium cœlestium* (Des révolutions des orbes célestes). Cet ouvrage marque un tournant décisif en astronomie car l'auteur propose pour la première fois un modèle du monde où les planètes tournent autour du Soleil. Notons qu'on ignore les raisons de l'adoption de l'héliocentrisme par Copernic ; ajoutons que Copernic n'a jamais connu les idées héliocentriques d'Aristarque de Samos (IIIe siècle av. J.-C.) puisque le monde savant a fait cette découverte en 1544 dans l'édition de l'*Arénaire* d'Archimède.

Copernic a très peu observé au cours de sa vie, et son système reste en partie verrouillé par la physique et l'astronomie anciennes. Le mouvement circulaire uniforme en particulier reste considéré comme le seul possible pour les planètes. Ayant peu observé, Copernic a massivement emprunté aux Anciens, en particulier à Ptolémée, sans discuter les observations de ses prédécesseurs. Il a repris les modèles de l'*Almageste* en effectuant un changement de repère. Un des avantages majeurs du système de Copernic est la suppression des grands épicycles de Ptolémée ; désormais, le mouvement apparent des planètes dans le ciel se fait par la simple composition du mouvement de la Terre et de la planète autour du Soleil. Ainsi les rétrogradations s'expliquent très simplement, et les planètes Mercure et Vénus prennent véritablement le statut de planètes inférieures. Le nouvel ordre des planètes depuis le Soleil, qui occupe une place centrale – sans être véritablement le centre des orbes planétaires –, permet d'obtenir en outre des informations sur les distances des planètes au Soleil, exprimées en fonction de la distance Terre-Soleil.

Peu d'astronomes à l'époque ont adhéré à la cosmologie de Copernic, à la fois pour des raisons théologiques, mais aussi astronomiques : affirmer que la Terre tourne sur elle-même et qu'elle tourne autour du Soleil nécessitait d'apporter des preuves. Celles-ci seront découvertes bien plus tard.

Tycho Brahe

Tycho Brahe (1546-1601) est l'un des plus illustres astronomes du XVIe siècle. Convaincu très tôt de l'insuffisance des tables astronomiques en usage, Tycho Brahe prend rapidement conscience que l'amélioration de l'astronomie passe par l'accumulation d'observations précises du ciel. Il reste avant tout le premier grand astronome observateur de son temps. Dans son observatoire d'Uraniborg, situé dans l'île de Hveen, non loin de Copenhague au Danemark, il observe dès 1576 les positions d'étoiles, de planètes, de la Lune et du Soleil. Il perfectionne de nombreux instruments, qui, bien qu'encore en bois, sont revêtus d'une enveloppe métallique. Il augmente leurs dimensions et les gradue très précisément tout en améliorant le système de visée. La notion d'erreur prend alors une véritable importance ; Tycho et ses assistants refont la même mesure avec des instruments différents : triquetrum, quadrant azimutal, sextant astronomique, grande armille équatoriale. La précision atteinte dans les observations est voisine de deux minutes d'arc, soit une amélioration d'un facteur dix par rapport à ses prédécesseurs.

En observant l'apparition en 1572 d'une nouvelle étoile dans la constellation de Cassiopée (en fait une supernova), Tycho Brahe démontre son absence de parallaxe et prouve ainsi qu'elle appartient à la sphère des étoiles fixes. Pour la première fois, le dogme de l'immuabilité des cieux, qui remonte à Aristote, est remis en cause.

Un coup plus sévère sera porté à la physique d'Aristote quelques années plus tard, à partir de 1577, lorsque Tycho Brahe et d'autres astronomes, observeront une série de comètes et démontreront que ces objets ne sont pas comme on le pensait alors – et comme le croira par la suite Galilée – des phénomènes atmosphériques, mais bien des astres situés au-delà de l'orbite lunaire.

Pour l'astronome danois, les systèmes de Ptolémée et de Copernic sont irrecevables, à la fois pour des raisons astronomiques et théologiques. Il imagine donc un système intermédiaire où la Terre reste immobile, tandis que les planètes sont en révolution autour du Soleil, lui-même tournant en un an autour de la Terre. À vrai dire, ce compromis géo-héliocentrique n'est pas un véritable système. Adopté par les Jésuites au XVIIe siècle et par d'autres auteurs pour des raisons essentiellement philosophiques et théologiques, le compromis géo-héliocentrique, ne survivra guère.

Kepler

Lorsqu'il est nommé mathématicien impérial après la mort de Tycho Brahe en 1601, Jean Kepler (1571-1630) est déjà un astronome célèbre, adepte du système de Copernic. Il va s'atteler pendant huit ans au difficile problème de l'orbite de Mars, qu'il croyait naïvement résoudre en huit jours. À partir des observations accumulées par Brahe, il découvre que le rayon vecteur qui joint une planète au Soleil balaie des aires égales en de temps égaux. Historiquement, Kepler découvrit donc en premier la loi que l'on donne traditionnellement et pédagogiquement comme la deuxième.
En poursuivant son étude de l'orbite de Mars et en calculant avec son hypothèse des aires un grand nombre de positions, il obtient un ovale. Ne connaissant pas les propriétés géométriques de cette figure, il passe par l'intermédiaire d'une courbe qu'il connaît bien, l'ellipse. Il constate alors que toutes les positions de Mars sont correctement représentées. La trajectoire elliptique, que l'on appelle aujourd'hui la première loi, est découverte : les planètes décrivent autour du Soleil des ellipses dont ce dernier occupe l'un des foyers. Kepler publie ses découvertes en 1609 dans un ouvrage très difficile, où il raconte sa quête du mouvement de Mars, l'*Astronomia nova* ("l'Astronomie nouvelle").
Si la chance a favorisé Kepler dans ses recherches (forte excentricité de l'orbite de Mars, erreurs de principe qui se compensent), on doit reconnaître en lui un travailleur acharné que de longs calculs ne rebutaient pas et qui était toujours prêt à remettre l'ouvrage sur le métier. On lui doit surtout l'abandon du mouvement circulaire uniforme – principe remontant à l'Antiquité auquel Tycho Brahe accordait encore une valeur absolue –, et un souci constant de vérifier que les hypothèses s'accordent avec les observations (ce qui n'était pas le cas de Copernic), en quoi il mêle intimement faits et théories, deux composantes fondamentales de la démarche scientifique.
L'accueil fait aux lois de Kepler fut mitigé ; Galilée par exemple, ne se rallia jamais à l'ellipse, preuve du poids des *a priori*. En fait, c'est la valeur prédictive des tables et des éphémérides kepleriennes qui assurera indirectement leur succès dans un premier temps, avant que Newton montre que les découvertes de Kepler sont des conséquences de la loi de la gravitation.
Les difficultés n'empêchent pas Kepler d'être fécond ; en 1604, il publie un traité d'optique *Ad Vitellionem Paralipomena* ("Paralipomènes à Vitellion") qui contient des tables de réfraction et une méthode pour calculer la longitude d'un lieu en utilisant des éclipses. En 1610 paraît la *Dissertatio cum nuncio sidereo* ("Discussion avec le messager céleste"), ouvrage dans lequel Kepler vient en aide à un autre copernicien en difficulté, Galilée. Celui-ci venait de publier quelques mois auparavant le *Sidereus nuncius* ("le Messager céleste") dans lequel il exposait les découvertes faites grâce à la lunette. Le *Sidereus* suscita rapidement des critiques et l'avis de Kepler fut très vite sollicité. Bien qu'à cette date il n'eût pas encore de lunette, Kepler rédigea la *Dissertatio* en une quinzaine de jours, prenant position en faveur de Galilée. Ses raisons étaient essentiellement fondées sur l'estime qu'il avait du savant italien et parce que ses découvertes restaient dans les limites du raisonnable. Car contrairement à Galilée, Kepler connaissait les propriétés optiques de la lunette qu'il avait énoncées dans sa *Dioptrice* ("Dioptrique") qui allait paraître en 1611. Ce n'est qu'en août 1610 que Kepler se fit prêter un instrument construit par Galilée et qu'il put observer les satellites de Jupiter ; il rédigea alors la *Narratio*

de observatis jovis satellitibus ("Rapport sur l'observation des satellites de Jupiter") où apparaît pour la première fois en astronomie le mot satellite. Kepler publie en 1618 l'*Harmonice mundi* ("l'Harmonie du monde") : à la recherche de relations entre les orbites des planètes, il essaye d'associer les intervalles musicaux aux diamètres des orbites. Et c'est là qu'il met en lumière sa troisième loi : les cubes des grands axes sont proportionnels aux carrés des périodes. L'aboutissement de son œuvre fut la publication en 1627 des *Tables Rodolphines* qui ont dominé tout le XVIIe siècle.

Galilée

Galilée (1564-1642) se voit projeter sur le devant de la scène en 1610 par la publication d'un petit livre, le *Sidereus nuncius* ("Le messager céleste"). Il y rend compte de ses découvertes faites grâce à la lunette qu'il vient de pointer vers le ciel : montagnes de la Lune, satellites de Jupiter, phases de Vénus, résolution en étoiles de la Voie Lactée. En quelques nuits, l'astronomie subit une seconde révolution. La plus importante découverte tient aux satellites de Jupiter, d'abord nommés "médicéens" en l'honneur de Côme II de Médicis. Galilée tient la preuve que la Terre n'est pas le centre unique de toutes les révolutions célestes. Non seulement quatre satellites tournent autour de Jupiter, mais ils sont entraînés avec la planète dans son déplacement apparent.

En 1613, Galilée publie ses *Lettres concernant les taches solaires* ; en observant par projection le Soleil, il découvre que l'astre du jour a des taches et mesure leur période de rotation. Il prouve que ces taches sont situées à la surface ou du moins très près du Soleil. Mais l'ouvrage devient vite l'objet de querelles – dont Galilée sera coutumier – sur la priorité de la découverte des taches. On sait aujourd'hui que c'est Johannes Fabricius (1587-1615) qui les a observées le premier dès 1611.

Galilée est plus un physicien qu'un astronome ; mais ses découvertes sapent les fondements de la cosmologie ancienne, et ses idées coperniciennes commencent à inquiéter certains théologiens. Les milieux ecclésiastiques comptent pourtant de fervents défenseurs de Galilée, soucieux de concilier la culture scientifique avec les découvertes les plus récentes de l'astronomie. Galilée est dénoncé devant le Saint Office à Rome : le 24 février 1616, les théologiens du Saint Office déclarent que la proposition selon laquelle "le Soleil est le centre du monde et absolument immobile de mouvement local" est stupide et absurde du point de vue de la philosophie. Pire, la proposition est tenue pour hérétique car en formelle contradiction avec l'Ecriture sainte. Quant à la proposition affirmant "que la Terre n'est pas le centre du monde ni immobile mais qu'elle se meut tout entière et aussi d'un mouvement diurne" elle est jugée erronée au regard de la foi. L'ouvrage de Copernic est mis à l'Index et Galilée doit renoncer à l'opinion censurée, ne pas l'admettre, ni l'enseigner ni en faire objet de quelque exposé que ce soit, oral ou écrit.

En 1628, Galilée prépare le *Dialogue sur les deux grands systèmes du monde* qui sera finalement imprimé, après de multiples ennuis et démêlés en avril 1632. Il s'est cru encouragé dans cette entreprise par le nouveau vent qui soufflait à Rome, depuis que son ami et protecteur Maffeo Barberini (1568-1644) était devenu pape en 1623 sous le nom d'Urbain VIII. Mais en août 1632, Galilée est sommé de comparaître devant l'Inquisition à Rome; il ne s'y rendra qu'en avril 1633. Cette convocation est évidemment liée à la parution du *Dialogue* qui n'est ni un livre d'astronomie, ni un livre de physique : c'est une véritable machine de guerre contre l'héritage aristotélicien, écrit non pas en latin, la langue savante, mais en italien. Résumer une œuvre aussi riche est impossible en quelques lignes. Disons seulement que Galilée, dans un premier temps, affaiblit considérablement les objections traditionnelles contre le mouvement de la Terre, en réfutant les raisons en faveur du géocentrisme avancées par Aristote, par Ptolémée et par Tycho Brahe, le système de ce dernier n'étant pas considéré par Galilée comme un véritable système. C'est d'ailleurs l'explication du titre de l'ouvrage : "les deux grands systèmes du monde" désignent celui de Ptolémée et celui de Copernic. Galilée montre ensuite que seul le système héliocentrique permet d'expliquer les découvertes effectuées avec sa lunette. Enfin, il reprend un argument déjà utilisé dans un texte composé en 1616, à savoir que les marées océaniques sont le résultat de la composition de la rotation de la Terre et de sa révolution autour du Soleil.

Le 22 juin 1633, devant la Congrégation du Saint Office réunie à Rome, Galilée abjura à genoux, après avoir écouté la sentence qui porte sur l'interdiction du *Dialogue* et l'incarcération de son auteur. C'est à l'issue de l'abjuration que Galilée se serait écrié – mais rien ne l'atteste –, "Eppur si muove".

Les satellites de Jupiter et la vitesse de la lumière

Découverts par Galilée en 1610 avec sa lunette, les quatre principaux satellites de Jupiter (Io, Europe, Ganymède, Callisto) sont visibles dans une paire de jumelles. Depuis la Terre, on voit les satellites passer derrière Jupiter (occultations) ou entrer dans le cône d'ombre de la planète (éclipses), ce qu'on appelle les phénomènes des satellites (**fig. 19**). Galilée comprit qu'on pouvait utiliser ces phénomènes pour déterminer l'heure et donc la longitude d'un lieu. Cette méthode fut par exemple utilisée en 1671 pour la détermination de la longitude de l'observatoire de Tycho Brahe à Uraniborg : Cassini notait l'heure des éclipses en temps local du méridien de Paris, tandis que Picard, qui observait à Uraniborg, notait l'heure des éclipses en temps local du méridien d'Uraniborg. La comparaison des heures d'entrée d'un satellite dans l'ombre par les deux observateurs fournit la longitude d'Uraniborg par rapport au méridien de Paris, soit 42 m 10 s.

Malheureusement, les tables dressées pour prévoir les phénomènes (par l'astronome Jean-Dominique Cassini en 1668) présentaient pour le premier satellite une inégalité dans le mouvement : de l'opposition de Jupiter jusqu'à sa conjonction avec le Soleil, les instants des sorties de l'ombre du satellite retardaient par rapport aux calculs ; tandis qu'après la conjonction, l'instant des entrées du satellite dans l'ombre avançait.

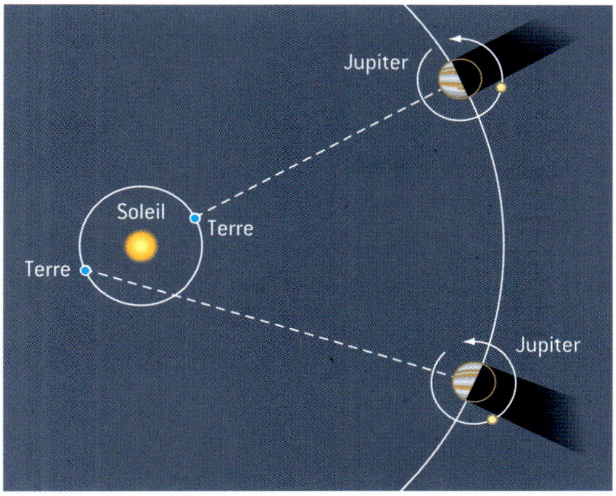

***Fig. 19** : Principe de la mesure de la finitude de la vitesse de la lumière avec les satellites de Jupiter.*

Il revient à un jeune astronome danois, Olaüs Roemer (1644-1710) d'avoir expliqué (en 1676) ces inégalités en démontrant la finitude de la vitesse de la lumière. Roemer, qui travaillait à l'Observatoire de Paris, comprit que ces différences de temps résultaient du temps mis par la lumière pour nous parvenir des satellites de Jupiter. Lorsque Jupiter est en opposition (distance Terre-Jupiter minimum), les éclipses se produisent avec une avance de 8 minutes (valeur moderne) ; tandis que vers la conjonction (distance Terre-Jupiter maximum), les éclipses se produisent avec un retard de 8 minutes. Roemer conclut que ces 8 minutes étaient le temps qui mettait la lumière à parcourir la distance Terre-Soleil. Roemer ne donna aucune valeur de la vitesse de la lumière : il exprima simplement sa finitude. Si l'ordre de grandeur de cette vitesse était connu au XVIIe siècle, il fallut attendre Hippolyte Fizeau (1819-1896) en 1849 pour obtenir une valeur précise (valeur actuelle : 299 792 458 m/s).

Les comètes et les étoiles filantes

C'est au XVIe siècle que l'astronome Tycho Brahe a montré, en mesurant leur parallaxe, que les comètes n'étaient pas des phénomènes atmosphériques comme on le pensait depuis l'Antiquité, mais bien des objets circulant parmi les planètes. Au XVIIIe siècle, Edmund Halley (1656-1742) prédit la réapparition de la comète qui porte aujourd'hui son nom, en constatant que les comètes de 1531, 1607 et 1682 avaient sensiblement les mêmes caractéristiques orbitales, et qu'il s'agissait en fait d'un seul et même objet.

Les comètes sont formées d'un noyau de quelques kilomètres de diamètre que l'on qualifie de "boule de neige sale". Elles proviendraient d'un réservoir, appelé nuage de Oort, dont la distance serait comprise entre 2.10^4 et 10^5 unités astronomiques du Soleil (1 UA = 150 000 000 km) ; sous l'action gravitationnelle d'étoiles proches, les comètes quitteraient le réservoir pour s'approcher du Soleil.

Les comètes ne sont observables qu'à des distances faibles du Soleil, de l'ordre de 4 ou 5 unités astronomiques. Certaines ont des orbites elliptiques très excentriques, comme la célèbre comète de Halley, qui revient tous les 76 ans : sa distance au Soleil va de 0,59 UA au périhélie à plus de 35 UA à l'aphélie, soit au-delà de l'orbite de Neptune. Plus de 400 comètes sont périodiques, ce qui signifie qu'elles tournent autour du Soleil en revenant régulièrement (en moins de 200 ans).

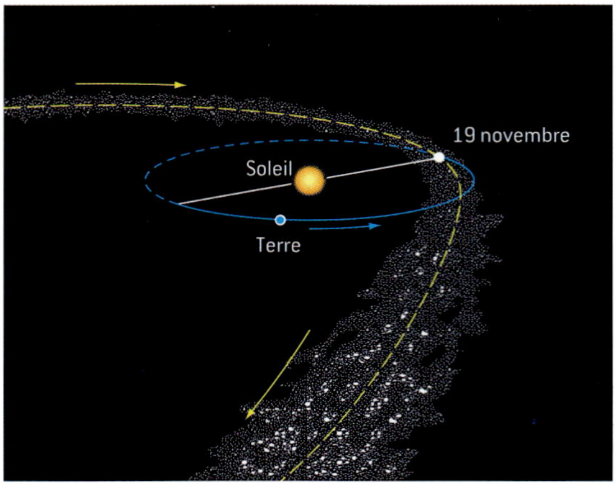

Fig. 20 : Orbite de l'essaim des Léonides.

D'autres comètes arrivent près du Soleil puis disparaissent sans être capturées par l'attraction de notre étoile ; leur orbite hyperbolique fait qu'elles quittent le système solaire. Enfin, il arrive que des comètes aient une évolution plus catastrophique, soit en se brisant en plusieurs noyaux, soit en se précipitant sur le Soleil ou sur Jupiter. Notons que l'orbite des comètes est fortement modifiée à chaque passage près du Soleil en raison de la poussée produite par le dégazage dû au chauffage solaire intense.

Sur une partie de sa trajectoire, la comète éjecte une masse considérable de poussières. Si l'orbite de la Terre croise la trajectoire de la comète, la poussière (de la grosseur d'un grain de blé) entre en collision avec l'atmosphère terrestre à très grande vitesse (des dizaines de kilomètres par seconde), s'échauffe et se vaporise à haute altitude (environ 100 km), ce qui donne des phénomènes lumineux appelé météores ou plus poétiquement "étoiles filantes". L'orbite des comètes étant stable à l'échelle humaine, les poussières tombent sur Terre à la même période (**fig. 20**) ; on assiste alors parfois à des pluies "d'étoiles filantes", spectaculaires mais difficiles à prévoir. L'observation montre facilement que toutes les "étoiles filantes" d'un même essaim semblent issues d'un même point du ciel qu'on appelle le radiant. Cette radiation divergente n'est qu'un effet de perspective : les trajectoires des poussières sont en fait parallèles. Et l'on sait que des parallèles semblent converger vers le même point. Ceci est prouvé par exemple lorsque des observateurs très éloignés voient le même essaim "d'étoiles filantes" : quelle que soit leur position, les trajectoires semblent issues du même radiant.

L'observation des "étoiles filantes" se fait de préférence dans la deuxième partie de la nuit : la Terre tournant sur elle-même d'Ouest en Est, elle va donc à la rencontre des poussières. Les deux essaims les plus intéressants sont celui des Perséides (maximum le 12-13 août, radiant dans la constellation de Persée) et celui des Léonides (maximum le 19 novembre, radiant dans la constellation du Lion).

Essaim	Constellation	Maximum
Quadrantides	Bouvier	3 janvier
Aquarides	Verseau	6 mai
Perséides	Persée	12 août
Léonides	Lion	19 novembre
Géminides	Gémeaux	14 décembre

Bien entendu, des objets plus importants peuvent entrer en collision avec la Terre ; une partie seulement brûle dans la haute atmosphère, de sorte que le résidu qui n'a pas été volatilisé tombe sur le sol : ce sont des météorites. Ce n'est qu'au début du XIXe siècle que l'on admit que les météorites étaient des "pierres" tombées du ciel.

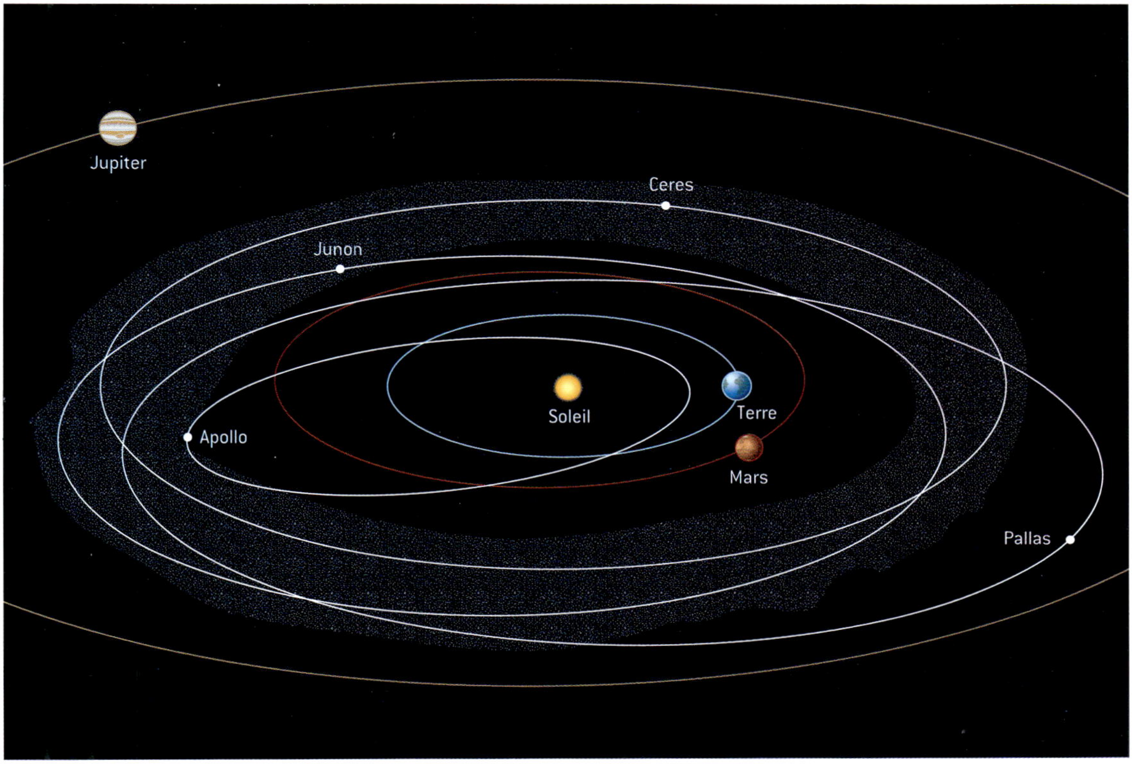

Fig. 21 : *Orbites de quelques astéroïdes dont certaines croisent l'orbite terrestre.*

Les astéroïdes

À la suite de la découverte en 1801 de Cérès, de Pallas en 1802, de Junon en 1804 et de Vesta en 1807, le nombre d'astéroïdes connus a considérablement augmenté. Au début du XXe siècle, on en connaissait un peu plus de 500 ; aujourd'hui, près de 800 000 sont répertoriés. La plupart des astéroïdes circulent entre les orbites de Mars et de Jupiter. Mais certains ont leur périhélie à l'intérieur de l'orbite terrestre, ce qui signifie que leur trajectoire peut croiser celle de la Terre (**fig. 21**). On qualifie ces objets de type *Apollo* : c'est le cas par exemple des astéroïdes Apollo, Toutatis, Icarus. D'autres tournent autour du Soleil en moins d'un an ; leur orbite est donc plus petite que celle de la Terre : ce sont les objets de type *Aton*, comme par exemple Aton, Hathor, Amon. Il existe aussi des objets de type *Amor* qui coupent l'orbite de Mars et auxquels l'astéroïde Éros appartient.

Il convient également de mentionner d'autres familles de petits corps :

– les Troyens (Achille, Patrocle... près de 8 500 recensés) qui sont situés sur l'orbite de Jupiter, à 60° de part et d'autre de la planète, sur les points d'équilibre appelés "points de Lagrange". Mars, Uranus et Neptune possèdent également des petits corps situés à un des points de Lagrange de leur orbite.

▶ "Loi" de Titius-Bode

En 1772, Johann Daniel Titius (1729-1796), professeur de mathématiques à l'Université de Wittemberg, donna une relation empirique qui permettait de retrouver les distances relatives des planètes au Soleil. Ayant eu connaissance de cette relation, l'astronome Johann Elert Bode (1747-1826) la fit connaître. Aujourd'hui, pour reconnaître à chacun ses mérites, on parle de "loi de Titius-Bode", bien que l'appellation de « loi » soit impropre puisqu'on la considère comme une curiosité mathématique.

Cette relation dit que si r est la distance moyenne d'une planète au Soleil, on a :

$$r_n = 0{,}4 + 0{,}3 \times 2^{n-1}$$

En faisant $n = -$ infini, 1, 2, 3, ... on obtient les valeurs approximatives des distances de Mercure, Vénus, la Terre, etc. Par exemple pour $n = 3$ (Mars), on obtient $r = 1{,}6$. Pour $n = 4$ et $n > 6$, aucune planète n'était connue lorsque la formule fut publiée. En 1781, Herschell découvre Uranus, à une distance correspondant à $n = 7$. Ceci incita les observateurs à rechercher la planète qui se trouvait entre Mars et Jupiter, donc pour $n = 4$. C'est le premier jour du XIXe siècle, le 1er janvier 1801, que l'astronome Piazzi découvrait à Palerme une planète que l'on nomma Cérès, du nom de la déesse tutélaire de la Sicile, et qui se trouvait à près de $r = 2{,}8$ du Soleil. La règle ne fonctionne cependant plus pour Neptune.

– les Centaures (Chiron, Pholus...), dont les orbites très elliptiques sont situées entre celle de Jupiter et de Neptune.
– citons enfin les objets formant la ceinture de Kuiper, situés au-delà de l'orbite de Neptune. On pense que ces objets lointains, aux confins du système solaire, doivent être très nombreux, mais leur observation est difficile.

La plupart des astéroïdes ont des diamètres voisins de moins d'un kilomètre. On pense d'ailleurs que certains astéroïdes seraient des noyaux de comètes éteints.

Annexes

Trigonométrie sphérique

Si l'on observe la Lune en premier quartier au voisinage d'un équinoxe, alors que le Soleil se couche pratiquement à l'Ouest, on voit la Lune au Sud, quasiment au méridien. On ne voit qu'une moitié éclairée, celle tournée vers le Soleil; mais la partie qui sépare la zone d'ombre de la partie éclairée est verticale, de sorte que si l'on fait passer par le centre de la Lune une droite, parallèle à l'horizon, celle-ci ne rencontre jamais le Soleil. Même en traçant avec sa main une droite qui part de la Lune et qui se dirige vers le Soleil, il n'est pas possible de comprendre pourquoi le terminateur lunaire n'est pas incliné et dirigé vers l'astre du jour.

Par réflexe, un astronome ne fera pas passer une droite, mais décrira avec sa main, depuis la Lune vers le Soleil, un arc de cercle. Car c'est dans la représentation sphérique du ciel que se trouve la solution du problème. Dès l'Antiquité, les astronomes ont introduit la notion de sphère céleste, c'est-à-dire une sphère idéale de grand rayon, dont le centre peut être l'observateur, le centre de la Terre, etc.

Pour la Lune, c'est exactement la même chose : le terminateur lunaire est toujours perpendiculaire au grand cercle qui passe par les centres de la Lune et du Soleil. Si on observe la Lune quelques jours après la Nouvelle Lune, on voit un mince croissant le soir vers l'Ouest; la distance angulaire entre le Soleil et la Lune étant peu importante, on a tendance à matérialiser avec sa main une droite pour s'assurer que le croissant est bien dirigé vers le Soleil. Mais plus les jours passent, plus cette stratégie devient inopérante et l'on doit mentalement imaginer dans le ciel un arc de grand cercle pour relier la Lune au Soleil.

Beaucoup de problèmes astronomiques reposent sur la résolution de triangles sphériques : c'est la portion de la surface d'une sphère que délimitent trois arcs de grands cercles (cercles centrés sur le centre de la sphère). Le rayon de la sphère est pris comme unité. Les quatre relations suivantes permettent de résoudre pratiquement tous les problèmes d'astronomie sphérique.

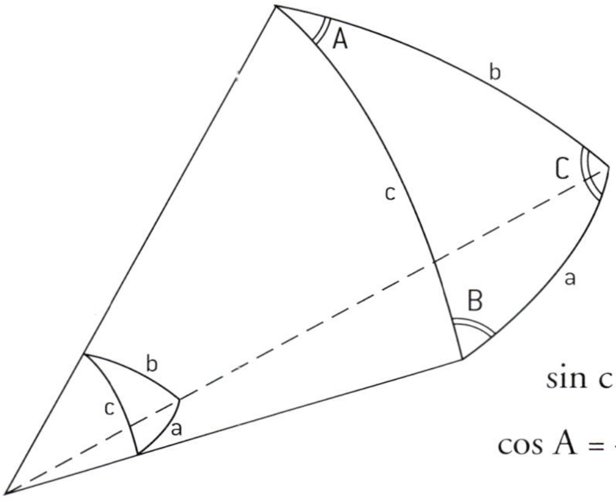

Soient a, b, c les côtés ou arcs, et A, B, C les angles dièdres (**figure ci-contre**).

$$\cos a = \cos b \cos c + \sin b \sin c \cos A \qquad \text{(I)}$$

$$\frac{\sin a}{\sin A} = \frac{\sin b}{\sin B} \qquad \text{(II)}$$

$$\sin c \operatorname{cotan} a = \cos c \cos B + \sin B \operatorname{cotan} A \qquad \text{(III)}$$

$$\cos A = -\cos B \cos C + \sin B \sin C \cos a \qquad \text{(IV)}$$

Note : La somme des angles d'un triangle sphérique ne fait pas 180° comme dans un triangle plan. σ étant appelé l'excès sphérique, on a : $\sigma = A + B + C - \pi$.

Relations astronomiques dans le triangle sphérique PZS

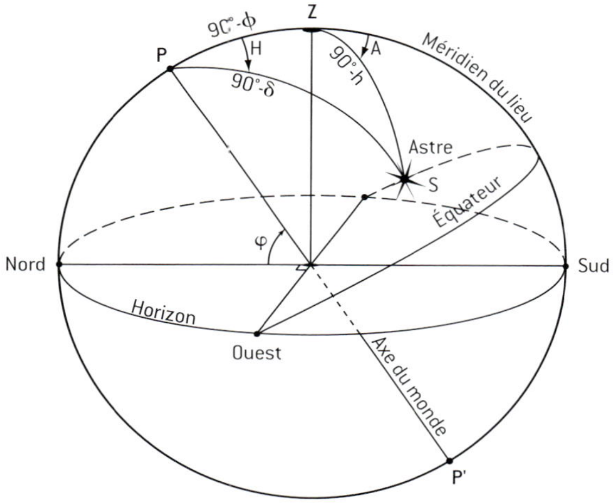

Soient (**figure ci-contre**) P le pôle céleste boréal, Z le zénith du lieu, S un astre. Soient ϕ la latitude ($90° - \phi$ = colatitude), δ la déclinaison de l'astre ($90° - \delta$ = distance polaire), h la hauteur (z = distance zénithale = $90° - h$), A l'azimut, H l'angle horaire. Dans le triangle sphérique PZS, on a les relations suivantes :

a) hauteur h d'un astre en fonction de l'angle horaire H lorsqu'on connaît la latitude du lieu et la déclinaison de l'astre. Emploi de la formule (I) :

$$\cos (90° - h) = \cos (90° - \phi) \cos (90° - \delta) + \sin (90° - \phi) \sin (90° - \delta) \cos H$$

$$\sin h = \sin \delta \sin \phi + \cos \delta \cos \phi \cos H$$

$$\text{si l'astre est à l'horizon, on a } h = 0° \text{ d'où } \cos H = -\tan \phi \tan \delta$$

b) azimut A d'un astre en fonction de l'angle horaire, de la latitude du lieu et de la déclinaison. Emploi de la formule (III) :
en identifiant les lettres a, B, c et A de la formule (III) avec les quantités ($90° - \delta$), H, ($90° - \phi$) et ($180° - A$), on obtient :

$$\sin (90° - \phi) \operatorname{cotan} (90° - \delta) = \cos (90° - \phi) \cos H + \sin H \operatorname{cotan} (180° - A)$$

$$\text{d'où } \operatorname{cotan} A = (\sin \phi \cos H - \cos \phi \tan \delta) / \sin H$$

$$\text{où encore } \tan A = \sin H /(\sin \phi \cos H - \cos \phi \tan \delta)$$

c) relation de contrôle tirée de (II) :

$$\frac{\cos \delta}{\sin A} = \frac{\cos h}{\sin H}$$

d) azimut A d'un astre en fonction de sa hauteur h, de sa déclinaison et de la latitude du lieu et de l'angle horaire H :

$$\cos A = \frac{\sin \phi \cos \delta \cos H - \cos \phi \sin \delta}{\cos h}$$

e) azimut d'un astre en fonction de sa hauteur h, de sa déclinaison et de la latitude du lieu. Emploi de la formule (I) :

$$\sin \delta = \sin h \sin \phi - \cos \phi \cos h \cos A$$

si l'astre est à l'horizon, on a $h = 0°$ d'où $\cos A = - \sin \delta / \cos \phi$

Transformation de coordonnées

On passe des coordonnées écliptiques aux coordonnées équatoriales en utilisant les relations (I), (II) et (III). Ayant les coordonnées écliptiques (λ = longitude, β = latitude), on obtient les coordonnées équatoriales (α = ascension droite, δ = déclinaison), ε étant l'obliquité de l'écliptique, par (**figure ci-dessous**):

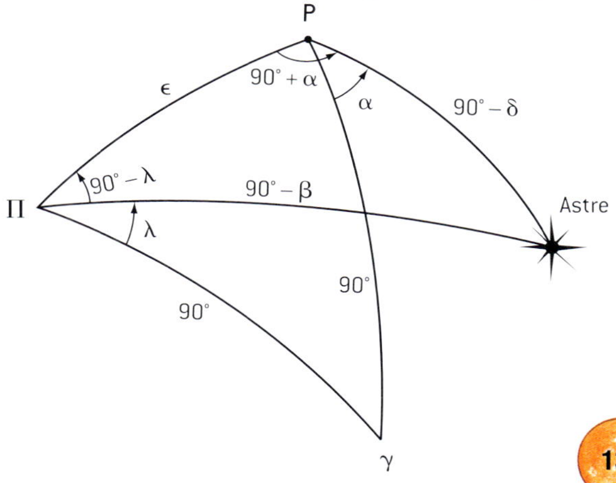

$$\tan \alpha = (\cos \varepsilon \sin \lambda - \sin \varepsilon \tan \beta)/ \cos \lambda$$

$$\sin \delta = \cos \varepsilon \sin \beta + \sin \varepsilon \cos \beta \sin \lambda$$

Inversement, on passe des coordonnées équatoriales aux coordonnées écliptiques par :

$$\tan \lambda = (\cos \varepsilon \sin \alpha + \sin \varepsilon \tan \delta)/\cos \alpha$$

$$\sin \beta = \cos \varepsilon \sin \delta - \sin \varepsilon \cos \delta \sin \alpha$$

Relation de contrôle :

$$\cos \lambda \cos \beta = \cos \alpha \cos \delta$$

On prendra garde au fait que α et λ sont donnés par une tangente et qu'il se pose des problèmes de quadrant (le résultat doit parfois être corrigé de ± 180°).

Exemple 1 :
Connaissant les coordonnées équatoriales de l'étoile Aldébaran (α Taureau), en déduire ses coordonnées écliptiques, sachant que l'obliquité de l'écliptique vaut 23° 26′ 21″.

Pour l'an 2000, les coordonnées d'Aldébaran sont :

$$\alpha = 4 \text{ h } 35 \text{ m } 55 \text{ s } (= 68° 58' 45'')$$
$$\delta = + 16° 30' 34''$$

On obtient : $\lambda = 69° 47' 18''$ et $\beta = - 5° 28' 01''$

Exemple 2 :
Connaissant les coordonnées écliptiques de l'étoile Antarès (α Scorpion), en déduire ses coordonnées équatoriales, sachant que l'obliquité de l'écliptique vaut 23° 26′ 21″.

Pour l'an 2000, les coordonnées d'Antarès sont :

$$\lambda = 249° 45' 44''$$
$$\beta = - 4° 34' 12''$$

On obtient : $\alpha = 67° 21' 07''$: le résultat doit être corrigé de 180°, ce qui donne $\alpha = 247° 21' 7''$, soit 16 h 29 m 24 s.

On a directement $\delta = - 26° 25' 55''$.

Dans le cas du Soleil, les relations se simplifient car la latitude du Soleil est pratiquement négligeable. On a alors :

$$\tan \alpha = \cos \varepsilon \tan \lambda \qquad \sin \delta = \sin \varepsilon \sin \lambda$$
$$\tan \delta = \tan \varepsilon \sin \alpha \qquad \cos \lambda = \cos \alpha \cos \delta$$

α et λ sont toujours dans le même quadrant dans le cas du Soleil

Exemple 3 :
Le 13 août d'une année quelconque, la longitude du Soleil vaut $\lambda = 141° 04'$. Quelles sont ses coordonnées équatoriales (on prend $\varepsilon = 23° 26'$) ? On a : $\alpha = - 36° 32' 49''$, résultat auquel il faut ajouter 180°; on obtient donc $\alpha = 143° 27' 11''$, soit 9 h 33 m 49 s. Quant à la déclinaison, elle vaut $\delta = + 14° 28' 20''$.

Exemple 4 :
Le 10 janvier d'une année quelconque, l'ascension droite du Soleil vaut α = 19 h 25 m (soit 291° 15′). Quelle est sa longitude écliptique (on prend ε = 23° 26′) ?

Par la formule ($\tan \lambda = \tan \alpha / \cos \varepsilon$), on obtient λ = – 70° 21′ 48″; ce résultat doit être corrigé de 360°, ce qui donne λ = 289° 38′ 12″.

Quelques applications de la trigonométrie sphérique

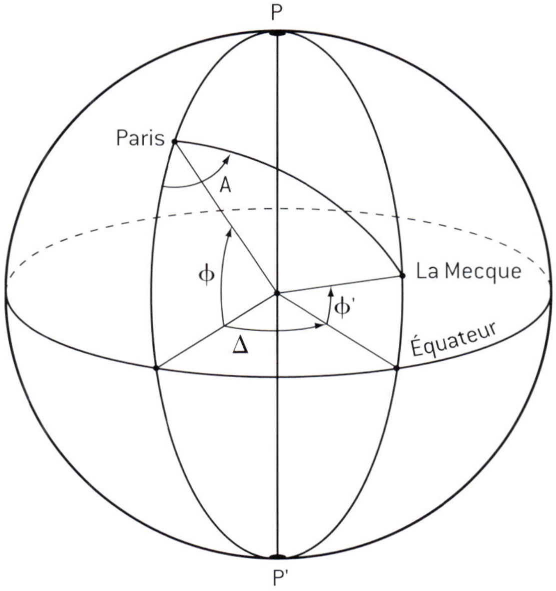

Les Musulmans prient en se tournant vers la Qibla, c'est-à-dire dans la direction de La Mecque (en Arabie Saoudite). Quelle est la direction de la Qibla depuis Paris ?

Ce problème revient à calculer l'azimut de La Mecque, c'est-à-dire l'angle entre la direction du Sud et celle de la ville (**figure ci-contre**). Pour résoudre ce problème, on doit connaître les coordonnées géographiques des deux villes; appelons ϕ et λ la latitude et la longitude de Paris (ϕ = + 48° 50′ et λ = – 2° 20′), ϕ' et λ' les coordonnées de La Mecque (ϕ' = + 21° 27′ et λ' = – 39° 49′).

Si A est l'azimut recherché, on a (emploi de la formule III) :

$$\tan A = \sin \Delta / (\sin \phi \cos \Delta - \cos \phi \tan \phi')$$

Δ étant la différence de longitude entre les deux villes. Avec les valeurs précédentes, on a Δ = – 39° 49′ – (– 2° 20′) = – 37° 29′. D'où A = – 60,897°, soit – 60° 54′ sensiblement. Cela signifie que depuis Paris, la direction de La Mecque fait un angle 60,897° avec le Sud; comme le signe est négatif, la direction est située dans la partie Sud-Est de l'horizon.

Note : L'arc de grand cercle qui joint Paris (P) à La Mecque (M) est l'arc orthodromique. Sa valeur se calcule par l'emploi de la formule I :

$$\cos PM = \sin \phi \sin \phi' + \cos \phi \cos \phi' \cos \Delta$$

On a, avec les valeurs précédentes, PM = 40° 24′ 27″. En multipliant cet angle par Rπ/180° (R = rayon de la Terre = 6378 km), on PM = 4498 km.

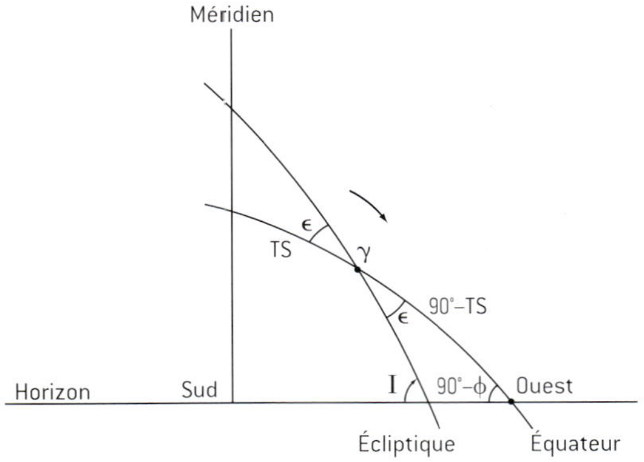

À un instant donné, quel est l'angle entre l'écliptique et l'horizon ? Ce problème a d'intéressantes applications comme l'aspect de la Lune à différentes latitudes ou encore la visibilité des planètes inférieures lors de leur élongation.

Sur la **figure ci-contre**, I est l'inclinaison de l'écliptique, ε l'obliquité de l'écliptique (ε = + 23° 26′), γ le point vernal (intersection de l'équateur céleste avec l'écliptique), TS le temps sidéral local (angle horaire du point vernal). L'angle entre l'équateur céleste et l'horizon vaut toujours 90° – ϕ, ϕ étant la latitude du lieu. On a (emploi de la formule I) :

$$\cos I = \sin \phi \cos \varepsilon - \cos \phi \sin \varepsilon \sin TS$$

Ainsi à Paris (ϕ = + 48° 50′), à l'équinoxe de printemps (20 mars), à l'instant du coucher du Soleil au point cardinal Ouest, on a TS = + 90°. D'où I = 64° 36′. A l'instant du lever, on a TS = 270°, d'où I = 17° 44′. Enfin lorsque le point vernal passe au méridien, on a TS = 0° d'où I = 46° 19′.

Note : Il peut parfois être utile de calculer la longitude écliptique λ des deux points qui se trouvent sur l'horizon. Emploi de la formule III :

$$\tan \lambda = - \cos TS / (\tan \phi \sin \varepsilon + \cos \varepsilon \sin TS)$$

Par exemple à Paris (ϕ = + 48° 50′), le 23 avril, supposons que le temps sidéral local soit égal à 5 h (75°). Le résultat "brut" donné par la formule est – 10° 55′ 25″. En le corrigeant de 360°, on obtient 349° 04′ 35″, ce qui donne la longitude du point se trouvant sur l'horizon Ouest. Pour avoir la longitude du point se trouvant sur l'horizon Est, on soustrait 180°, ce qui donne 169° 04′ 35″.

On notera que ces deux points correspondent à ce que les astrologues appellent l'ascendant (point de l'écliptique se levant à l'Est) et le descendant (point de l'écliptique se couchant à l'Ouest).

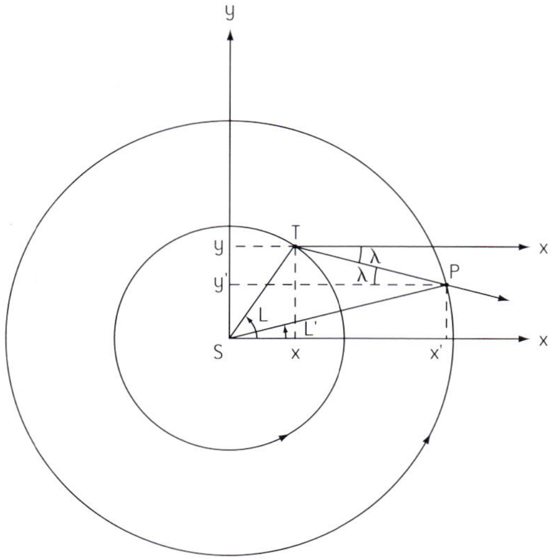

Durée et arc de rétrogradation d'une planète

Soient (**figure ci-contre**) S le Soleil, T la Terre et P une planète supérieure. Ces deux planètes décrivent autour du Soleil des circonférences concentriques de rayon respectifs *a* et *a'*; on néglige l'excentricité et l'inclinaison des orbites. La droite qui joint la Terre à la planète varie en direction : tantôt le mouvement est direct, tantôt stationnaire, tantôt rétrograde, etc. Appelons L et L' les longitudes héliocentriques de la Terre et de la planète. Soit *t* l'instant où les trois astres sont alignés dans l'ordre STP et pour l'axe des *x* la direction correspondante qui sera l'origine des longitudes.

À un instant donné, les cordonnées de T et de P sont :

$$x = a \cos L \qquad x' = a' \cos L'$$
$$y = a \sin L \qquad y' = a' \sin L'$$

La longitude géocentrique λ de la planète est alors :

$$\mathrm{tg}\ \lambda = \frac{y - y'}{x' - x}$$

c'est-à-dire :

$$\mathrm{tg}\ \lambda = \frac{a \sin L - a' \sin L}{a' \cos L' - a \cos L}$$

Remarquons que les longitudes héliocentriques sont égales au produit du moyen mouvement de la planète *n* par le temps *t*, soit L = nt et L' = n't. La longitude géocentrique s'exprime alors par :

$$\mathrm{tg}\ \lambda = \frac{a \sin nt - a' \sin n't}{a' \cos n't - a \cos nt} \qquad (1)$$

Cherchons comment varie cet angle en fonction du temps. En dérivant la formule ci-dessus, on obtient :

$$\frac{d\lambda}{dt} = \frac{-a^2 n - a'^2 n' + aa'(n + n')\cos(n't - nt)}{(a' \cos n't - a \cos nt)^2 \sec^2 \lambda}$$

Le dénominateur étant toujours positif, examinons le signe du numérateur. Celui-ci est une fonction périodique du temps; si t est positif, le mouvement de la planète est direct. Au contraire, le mouvement devient rétrograde pour des valeurs de t telles que $\cos (n' - n)t = -1$. Dans ce cas, on aura $na^2 + n'a'^2 < aa' (n'+n)$.

Le mouvement de la planète sera stationnaire si $\frac{d\lambda}{dt} = 0$, c'est-à-dire si :

$$\cos (n't - nt) = \frac{n'a'^2 + na^2}{aa' (n' + n)} \qquad (2)$$

Il ne faut pas perdre de vue qu'il y a deux points stationnaires lors de la rétrogradation. De la formule (2), on déduit donc que la durée T de la rétrogradation est égale à :

$$T = 2 \frac{\arccos \left(\frac{n'a'^2 + na^2}{aa' (n' + n)} \right)}{|n' - n|} \qquad (3)$$

L'arc de rétrogradation, c'est-à-dire la différence des longitudes géocentriques de deux points stationnaires qui mesure l'amplitude moyenne de la boucle, se calcule par la formule (1) dans laquelle $t = (T/2)$.

Ces résultats d'appliquent aussi aux planètes inférieures.

Exemple : pour Mercure, $a' = 0{,}3871$ et $n' = 4° 5' 32''$ par jour; pour la Terre, $a = 1$ et $n = 0° 59' 8''$. Le mouvement de Mercure est stationnaire si d'après (2) la différence des longitudes est de 35° 34′. D'après (3), la durée de la rétrogradation est de 22,9 jours et d'après (1), l'arc de rétrogradation est de 13° 49′.

Les formules précédentes ne donnent que des arcs et des durées moyens de rétrogradation. En raison de l'excentricité de l'orbite, de la latitude de la planète, et de la variation de sa vitesse, les arcs et durées réels peuvent être assez différents des arcs moyens.

Problèmes, tests et QCM

Problèmes

Problème 1

Un avion, situé non loin de l'Afrique dans le Golfe de Guinée, au point ($\phi = 0°$, $\lambda = 0°$), ϕ étant la latitude et λ la longitude du lieu, et faisant route vers le Nord-Ouest, contacte un autre avion situé au sud du Groënland au point ($\phi = 60°$, $\lambda = +\,48°\,40'$). Les deux commandants de bord discutent un moment et constatent qu'ils voient simultanément le Soleil se coucher. À quelle date sommes-nous : solstice d'été, équinoxes, solstice d'hiver ?

Rappelons que l'heure C (en Temps Universel) du coucher du Soleil est donnée par : $C = H + \lambda + E + 12$ h, H étant l'arc semi-diurne du Soleil et E l'équation du temps. On calcule H par : $\cos H = -\tan\phi \tan\delta$, δ étant la déclinaison du Soleil.

Ecrivons les deux équations correspondants aux heures de coucher du Soleil aux points où se situent les avions :

$$\phi = 0°, \lambda = 0° : C_0 = H_0 + \lambda_0 + E + 12\text{ h} \qquad (1)$$
$$\phi = 60°, \lambda_1 = +\,48°\,40' : C_1 = H_1 + \lambda_1 + E + 12\text{ h} \qquad (2)$$

Puisque le Soleil se couche en ces deux points en même temps, on a (1) = (2). D'où : $H_0 + \lambda_0 + E + 12\text{ h} = H_1 + \lambda_1 + E + 12\text{ h}$, soit $H_0 + \lambda_0 = H_1 + \lambda_1$. Or $H_0 = +\,90°$, puisque $\phi = 0°$ et $\lambda = 0°$, d'où $H_1 + \lambda_1 = 90°$.

Autrement dit, pour voir le Soleil se coucher en même temps au point ($\phi = 0°$, $\lambda = 0°$) et en un autre point, il faut que la somme de l'arc semi-diurne et de la longitude soit égale à 90° en valeur absolue. On a donc $H_1 = 41°\,20'$; on en déduit que $\tan\delta = -\cos H_1 / \tan 60°$, soit $\delta = -\,23{,}44°$: nous sommes donc au solstice d'hiver.

Le fait que les deux commandants de bord, situés en des lieux si éloignés, voient le Soleil se coucher en même temps, n'est surprenant qu'en apparence. Un observateur qui serait dans un satellite artificiel en rotation autour de la Terre verrait, le jour du solstice d'hiver, "l'ombre" de la nuit progresser très inclinée, de l'Est vers l'Ouest : il fait nuit plus tôt pour les habitants de l'hémisphère Nord que pour les habitants de l'hémisphère Sud. En d'autres termes, l'ombre de la nuit coupe obliquement les méridiens. Aux équinoxes, l'ombre de la nuit balaye la Terre d'Est en Ouest en s'alignant avec les méridiens : il fait nuit au même instant pour les habitants d'un même méridien. Enfin au solstice d'été, c'est la situation contraire du solstice d'hiver : l'avion situé dans le Golfe de Guinée voit le Soleil se coucher en même temps qu'un avion situé non loin de Moscou par exemple.

Problème 2

À 11 heures, le matin du dernier jour de l'avant dernière année du siècle qui a précédé le nôtre (nous sommes en 1984), un navigateur-astronome est parti de Paris pour un tour du monde. Il s'est toujours dirigé vers l'Ouest. Chaque nuit, durant son voyage, il observa les étoiles et, chaque fois, rédigea un rapport circonstancié. Il revint à Paris, alors qu'il était 11 heures du matin avec toutes les notes qu'il avait prises durant les quatre-vingts nuit de son voyage.

À quelle date (jour-mois-année) arriva-t-il dans la capitale ?

Pour résoudre ce problème, il faut se souvenir de trois particularités : la première est qu'en allant vers l'Ouest, le voyageur se déplace dans le même sens que le Soleil. Donc pour lui, la nuit arrive plus tard que s'il était resté à Paris. Ces rétards successifs lui font perdre, au total, une nuit complète d'observations. Comme il a compté 80 nuits au cours de son voyage, on doit en conclure qu'il s'est écoulé 81 nuits à Paris en son absence.

Le deuxième point est plus subtil : le texte précise que l'on est en 1984, donc au XXe siècle. La première année du XXe siècle était 1901, et l'avant dernière année du XIXe siècle était 1899. Le départ eut donc lieu le 31 décembre 1899 à 11 heures du matin, heure de Paris, la seule en vigueur à cette époque.

La troisième particularité tient au fait que l'année 1900 n'a pas été bissextile, comme cela a été décrété lors de la réforme grégorienne de 1582. Dans le décompte des jours, on doit donc tenir compte de l'absence du 29 février.

En conclusion le navigateur-astronome est arrivé à Paris le 22 mars 1900. Pour être plus précis encore, le voyageur est parti le dimanche 31 décembre 1899 et est revenu le jeudi 22 mars 1900.

Petits tests simples

1. Dans quelle partie de l'horizon se couche une étoile dont la déclinaison est négative ?

2. Quelle est la déclinaison des étoiles qui culminent au zénith d'un lieu ?

3. Où se trouve l'étoile polaire au pôle Nord ? A l'équateur ?

4. Dans quelle partie de l'horizon l'azimut d'un astre change-t-il le plus vite ? Et le moins vite ?

5. Si une étoile culmine un jour à 20 h 00 m, à quelle heure culminera-t-elle 10 jours plus tard ?

6. Où l'équateur céleste est-il confondu avec l'horizon ?

7. Où l'écliptique peut-il se confondre avec l'horizon ?

8. Quel est l'azimut du Soleil le 20 mars à son coucher ?

9. Où doit-on être le 21 juin sur Terre pour voir le Soleil à minuit vrai au-dessus de l'horizon ?

10. Vers quel point de l'horizon un observateur situé sur l'équateur doit-il se tourner le 21 juin pour voir le Soleil à midi ?

11. L'appellation « tropique du Cancer » est elle astronomiquement valable au XXIe siècle ?

12. Pourquoi dans l'hémisphère Nord l'été est-il plus long que l'hiver ?

13. Le 21 juin, un observateur situé à + 48° de latitude voit le Soleil se coucher à l'horizon Nord-Ouest ; un observateur situé à la latitude – 48° voit-il le Soleil se coucher dans la même partie de l'horizon ?

14. Le diamètre d'une ville est de 20 km ; de combien le midi vrai à sa limite Est devance-t-il le midi vrai à sa limite Ouest si la latitude est de 50° ?

15. Pourquoi le jour du solstice d'hiver, jour le plus court de l'année, le Soleil ne se lève pas le plus tard et ne se couche pas le plus tôt ?

16 De combien la réfraction augmente-t-elle la durée du jour à l'équateur le jour de l'équinoxe ?

17 Un capitaine de navire mesure à minuit la hauteur du Soleil au-dessus de l'horizon avec un sextant et obtient 10°. Où et en quelle saison peut se trouver le navire ? Quelle erreur commettrait le capitaine en négligeant la réfraction dans son calcul de latitude ?

18 Peut-on voir la pleine Lune le 21 juin au pôle Nord ? Au pôle Sud ?

19 Peut-on voir simultanément au-dessus de l'horizon le Soleil et la Pleine Lune ?

20 L'ombre d'un arbre vertical éclairé par la pleine Lune à minuit est-elle plus grande en été qu'en hiver ?

21 La parallaxe de la Lune influe-t-elle sur son diamètre apparent ?

22 Dans quelle partie de l'horizon se lève une pleine Lune le 21 décembre à Paris ?

23 Pour un observateur situé à la surface de la Terre, la pleine Lune parait-elle plus haute ou plus basse que pour un observateur situé au centre de la Terre ?

24 La précession serait-elle plus rapide ou plus lente si la Terre était plus aplatie ?

25 Une occultation de Jupiter par la Lune peut-elle avoir lieu pendant une éclipse de Lune ? Et une occultation de Vénus ?

26 Une éclipse annulaire de Soleil peut-elle avoir lieu lorsque la Lune se trouve au périgée ?

27 Une planète est visible le soir à l'horizon Sud-Est ; cela peut-il être Vénus ?

28 Nous sommes le 21 décembre ; Jupiter est en opposition ; dans quelle partie de l'horizon se lève-t-elle ?

29 Pour un observateur martien, de combien la Terre peut-elle s'écarter du Soleil dans le ciel ?

30 Le demi-grand axe d'une planète mesure 3,2 UA. Quelle est sa période de révolution autour du Soleil ?

Petit test-QCM (une seule bonne réponse)

1 Depuis quand sait-on que la Terre est ronde ?

- ❑ Depuis Galilée.
- ❑ Depuis Christophe Colomb.
- ❑ Depuis le Ve siècle av. J.-C.
- ❑ Depuis les Croisades.

2 Qu'a mesuré Eratosthène au IIIe siècle av. J.-C. ?

- ❑ La distance Terre-Soleil.
- ❑ La circonférence de la Terre.
- ❑ Le diamètre de la Lune.
- ❑ La longitude d'Alexandrie.

3 Où sur Terre le Soleil peut-il passer au zénith ?

- ❑ Uniquement à l'équateur.
- ❑ Entre les tropiques.
- ❑ Aux pôles.
- ❑ Partout sur Terre.

4 À quelle phase de Lune ont lieu les éclipses de Soleil ?

- ❑ À la pleine Lune.
- ❑ À la nouvelle Lune.
- ❑ Au premier quartier.
- ❑ Au dernier quartier.

5 Pourquoi Galilée a-t-il été condamné en 1633 ?

- ❑ Pour avoir affirmé que l'Univers était infini.
- ❑ Pour avoir dit que la Terre était ronde.
- ❑ Pour avoir affirmé que la Terre tournait autour du Soleil.
- ❑ Pour sorcellerie.

6 Qui a découvert les satellites de Jupiter en 1610 ?

- ❑ Copernic.
- ❑ Tycho Brahe.
- ❑ Galilée.
- ❑ Descarte.

7 De quand date la première preuve du mouvement de révolution de la Terre autour du Soleil ?

- ❑ De Copernic en 1543.
- ❑ De Galilée en 1633.
- ❑ De Bradley en 1728.
- ❑ De Foucault en 1851.

8 De quand date la première mesure correcte d'une distance d'étoile ?

- ❑ Du IIe siècle de notre ère.
- ❑ De 1838.
- ❑ De 1687.
- ❑ De 1929.

9 Quel instrument était utilisé dans l'Antiquité pour déterminer la latitude du lieu et l'heure à partir de l'ombre ?

- ❑ L'astrolabe.
- ❑ Le gnomon.
- ❑ La sphère armillaire.
- ❑ L'équatoire.

10 Quel astronome a découverte la planète Neptune par le calcul ?

- ❑ Laplace.
- ❑ Lagrange.
- ❑ Le Verrier.
- ❑ Delaunay.

11 Laquelle de ces constellations n'est pas visible en Europe ?

- ❑ Orion.
- ❑ La Girafe.
- ❑ La Croix du Sud.
- ❑ Persée.

12 Pourquoi voit-on toujours la même face de la Lune ?

- ❑ Parce qu'elle ne tourne pas sur elle-même.
- ❑ À cause du champ magnétique terrestre.
- ❑ Parce qu'elle tourne sur elle-même dans le même temps qu'elle tourne autour de la Terre.
- ❑ Parce qu'elle n'a pas d'atmosphère.

Réponses

Réponses aux petits tests

1. Dans la partie Sud-Ouest de l'horizon.
2. La déclinaison est égale à la latitude du lieu.
3. Au pôle Nord, l'étoile polaire est pratiquement au zénith. À l'équateur, elle est pratiquement sur l'horizon Nord.
4. Il change le plus vite au voisinage du méridien. Il change le moins vite au voisinage du premier vertical (Est et Ouest).
5. Vers 19 h 21 m.
6. Aux pôles.
7. Aux cercles polaires.
8. L'azimut vaut + 90°.
9. Entre le cercle polaire arctique et le pôle Nord.
10. Vers le Nord.
11. Non car le Soleil se projette aujourd'hui à la limite de la constellation des Gémeaux et du Taureau (signe des Gémeaux).
12. En raison de l'excentricité de l'orbite terrestre, les saisons sont inégales : l'été est la saison la plus longue actuellement.
13. Les deux observateurs voient le Soleil se coucher dans la partie Nord-Ouest de l'horizon.
14. Le midi Ouest arrive 1 m 07 s après le midi Est.
15. En raison de l'équation du temps qui annule la symétrie des heures de lever-coucher par rapport à midi.
16. D'environ 5 minutes.
17. Le navire doit se trouver au-delà du cercle polaire, vers la fin du printemps et le début de l'été, où la somme (latitude + déclinaison) > 100°. En négligeant la réfraction (5′ 30″), l'erreur atteint entre 9 km et 10 km sur la localisation du navire.
18. La pleine Lune est invisible au pôle Nord le 21 juin ; mais elle est visible au pôle Sud.

19 Oui en raison de la réfraction qui relève les astres à l'horizon.

20 L'ombre est la plus longue en été.

21 Oui car le diamètre dépend de la distance donc de la parallaxe.

22 Dans la partie Nord-Est de l'horizon.

23 La pleine Lune est plus haute pour un observateur géocentrique.

24 La précession serait plus rapide.

25 Une occultation de Jupiter peut avoir lieu, mais pas une occultation de Vénus.

26 Non.

27 Non.

28 Dans la partie Nord-Est de l'horizon.

29 Environ 41°.

30 2 090,85 jours.

Réponses au petit test-QCM

1 Ve siècle av. J.-C.

2 La circonférence de la Terre.

3 Entres les deux tropiques.

4 À la nouvelle Lune.

5 Pour avoir affirmé que la Terre tourne autour du Soleil.

6 Galilée

7 Bradley en 1728.

8 1838

9 Le gnomon.

10 Le Verrier.

11 La Croix du Sud.

12 Parce qu'elle tourne autour de la Terre dans le même temps qu'elle tourne sur elle-même.

Glossaire

Aberration stellaire : Déplacement apparent de la position des étoiles au cours de l'année dû à la composition de la vitesse de la Terre sur son orbite et à celle de la lumière. Découverte en 1727 par James Bradley, c'est la première preuve physique du mouvement de révolution de la Terre autour du Soleil.

Age de la Lune : Temps écoulé depuis la dernière nouvelle Lune.

Angle horaire : Angle dièdre entre le méridien passant par l'astre et le méridien du lieu. L'angle horaire est compté dans le plan de l'équateur céleste depuis la culmination supérieure de l'astre, positivement vers l'Ouest de 0° à + 180° et négativement vers l'Est de 0° à – 180°.

Année anomalistique : Intervalle moyen de temps séparant deux passages de la Terre au périhélie. Elle vaut 365,2596 jours.

Année draconitique : Intervalle moyen de temps séparant deux passages du Soleil au même nœud de l'orbite lunaire. Elle vaut 346,62 jours.

Année sidérale : Période de révolution de la Terre autour du Soleil par rapport à un repère fixe. Elle vaut 365,256366 jours.

Année julienne : Valeur de l'année dans le calendrier julien. Elle vaut 365,25 jours.

Année tropique : Intervalle moyen de temps séparant deux passages de la Terre à l'équinoxe de printemps. L'année tropique vaut actuellement 365,2422 jours.

Aphélie : Point de l'orbite d'une planète le plus éloigné du Soleil.

Apogée : Point de l'orbite d'un satellite le plus éloigné de la Terre.

Apside (ligne des) : Droite joignant le périhélie et l'aphélie (ou le périgée à l'apogée). C'est également le grand axe de l'orbite.

Ascension droite : Angle dièdre entre le méridien céleste équatorial passant par l'astre et le méridien équatorial passant par le point vernal. L'ascension droite est comptée sur l'équateur vers l'Est de 0° à 360° ou de 0 h à 24 h.

Axe du monde : Axe de rotation de la Terre.

Azimut : Angle compté dans l'horizon entre la direction du Sud géographique et la direction d'un astre. L'azimut est compté positivement vers l'Ouest de 0° à + 180° et négativement vers l'Est de 0° à – 180°.

Circumpolaire : Se dit d'un astre ou d'une constellation qui ne se couche jamais.

Colure : On distingue le colure des solstices, grand cercle de la sphère céleste passant par les pôles de l'écliptique et par les pôles de l'équateur, et le colure des équinoxes (perpendiculaire au précédent), grand cercle passant les pôles de l'équateur et par le point vernal.

Conjonction : Alignement planète-Soleil-Terre. Lors d'une conjonction, les longitudes géocentriques du Soleil et de la planète sont égales.

Déclinaison : Distance angulaire d'un astre à l'équateur céleste. La déclinaison est comptée positivement de 0° à + 90° vers le pôle céleste Nord, et négativement de 0° à – 90° vers le pôle céleste Sud.

Dépression de l'horizon : Abaissement apparent de l'horizon du lieu dû à l'altitude de l'observateur.

Distance zénithale : Complément à 90° de la hauteur.

Écliptique : Trajectoire apparente du Soleil dans le ciel au cours de l'année. C'est aussi le plan de révolution de la Terre autour du Soleil.

Élongation : Pour un observateur géocentrique, distance angulaire d'un astre au Soleil.

Équateur céleste : Projection dans le ciel de l'équateur terrestre.

Équation du temps : Différence temps solaire moyen – temps solaire vrai. Résulte de l'inclinaison de l'axe de rotation de la Terre et de son mouvement elliptique autour du Soleil.

Excentricité : Dans une ellipse, c'est le rapport de la distance centre-foyer au demi-grand axe. L'excentricité d'un cercle vaut 0.

Équation du centre : Principale inégalité dans le mouvement képlérien, due à l'excentricité de l'orbite.

Géocentrique : Se rapporte à un repère situé au centre de la Terre.

Hauteur : Distance angulaire d'un astre par rapport à l'horizon. La hauteur est comptée de 0° à + 90° depuis l'horizon vers le zénith, et de 0° à – 90° vers le nadir.

Héliocentrique : Se rapporte à un repère situé au centre du Soleil.

Inclinaison : Angle entre le plan d'une orbite et l'écliptique.

Jour sidéral : Période de rotation de la Terre sur elle-même par rapport à un repère fixe. Le jour sidéral vaut 23 h 56 m 04 s.

Jour solaire moyen : Intervalle de temps séparant deux passages du Soleil moyen au méridien d'un lieu. Le jour solaire moyen vaut 24 h 00 m 00 s.

Jour solaire vrai : Intervalle de temps séparant deux passages du Soleil vrai au méridien d'un lieu. Le jour solaire vrai varie de 23 h 59 m 39 s à 24 h 00 m 30 s.

Latitude géographique : Distance angulaire d'un lieu terrestre à l'équateur. La latitude est comptée positivement de 0° à + 90° vers le pôle Nord, et négativement de 0° à – 90° vers le pôle Sud.

Latitude céleste (ou écliptique) : Distance angulaire d'un astre à l'écliptique. La latitude écliptique est comptée positivement de 0° à + 90° vers le pôle écliptique Nord, et négativement de 0° à – 90° vers le pôle écliptique Sud.

Librations : Balancements apparents de la Lune permettant d'observer un peu plus de la moitié de sa surface. On distingue principalement la libration en longitude due aux variations de la vitesse orbitale de la Lune, la libration en latitude due à l'inclinaison de l'équateur lunaire sur le plan de l'orbite.

Longitude céleste (ou écliptique) : Angle dièdre entre le méridien céleste écliptique passant par l'astre et le méridien écliptique passant par le point vernal. La longitude écliptique est comptée sur l'écliptique de 0° à 360° vers l'Est.

Longitude géographique : Angle dièdre entre le méridien du lieu d'observation et le méridien terrestre origine (Greenwich). La longitude est comptée positivement vers l'Ouest de 0° à + 180° et négativement vers l'Est de 0° à – 180°.

Magnitude : Mesure de l'éclat d'un astre. La magnitude augmente lorsque l'éclat diminue.

Méridien céleste : Grand cercle passant les pôles célestes de l'équateur.

Méridien géographique (méridien du lieu) : Grand cercle passant les pôles terrestres et le zénith du lieu. C'est aussi la direction Nord-Sud géographique.

Nadir : Point de la sphère céleste situé à l'opposé du zénith.

Nœud : Intersection du plan de l'orbite d'une planète avec l'écliptique. On distingue le nœud ascendant (passage du Sud au Nord de l'écliptique) et le nœud descendant (passage du Nord au Sud de l'écliptique).

Nutation : Mouvement de l'axe de rotation de la Terre découvert vers 1748 par James Bradley. La nutation est due à l'action de la Lune sur la Terre. Sa période principale est de 18 ans et 7 mois. La nutation provoque une oscillation du point vernal.

Obliquité de l'écliptique : Inclinaison de l'écliptique sur l'équateur céleste. Sa valeur actuelle est 23° 26′ ; l'obliquité diminue environ d'une minute de degré par siècle.

Occultation : Disparition d'un astre derrière un autre de diamètre apparent supérieur.

Opposition : Alignement Soleil-Terre-planète. Lors d'une opposition, les longitudes géocentriques du Soleil et de la planète diffèrent de 180°.

Parallaxe : Angle sous lequel est vue, depuis un corps céleste, une longueur conventionnelle.

Parallaxe diurne : Différence entre les directions apparentes d'un corps céleste vu par un observateur géocentrique et un observateur topocentrique.

Périgée : Point de l'orbite d'un satellite le plus proche de la Terre.

Périhélie : Point de l'orbite d'une planète le plus proche du Soleil.

Période julienne : Système chronologique qui numérote les jours sans discontinuité depuis le 1er janvier – 4712 à 12 h UT.

Point vernal (ou point gamma) : Intersection de l'équateur céleste et de l'écliptique. C'est un point immatériel qui sert d'origine aux coordonnées équatoriales et écliptiques.

Précession : Mouvement de l'axe de rotation de la Terre découvert par Hipparque. La précession est due principalement au fait que la Terre n'est pas sphérique : le Soleil et la Lune exercent une attraction sur son bourrelet équatorial. La Terre se comporte comme une toupie dont l'axe de rotation décrit dans le ciel un cône d'ouverture 46° 52′ en près de 26 000 ans. La précession se traduit par un glissement du point vernal vers l'Ouest d'environ 50″ par an.

Premier vertical : Plan de la direction Est-Ouest géographique.

Quadrature : Configuration céleste où la distance angulaire d'une planète au Soleil, vue depuis la Terre, vaut 90°. Pour la Lune, les quadratures correspondent au premier et au dernier quartier.

Réduction à l'équateur : Terme principal de l'équation du temps résultant de la projection de la longitude écliptique du Soleil sur l'équateur céleste.

Réfraction : Changement de direction des rayons lumineux issus d'un astre suite à leur traversée de l'atmosphère terrestre. La réfraction relève les astres.

Révolution anomalistique de la Lune : Intervalle moyen de temps séparant deux passages de la Lune à son périgée. Elle vaut 27,554549878 jours.

Révolution draconitique de la Lune : Intervalle moyen de temps séparant deux passages de la Lune à un même nœud de son orbite. Elle vaut 27,212220817 jours.

Révolution synodique : Intervalle moyen de temps séparant deux conjonctions (ou deux oppositions) entre la Terre et une planète. Appelée aussi lunaison ou mois lunaire pour la Lune.

Révolution sidérale de la Lune : Intervalle moyen de temps séparant deux passages de la Lune par rapport à un repère fixe. Elle vaut 27,321661547 jours.

Syzygies : Phases du mouvement de la Lune qui correspondent à la nouvelle Lune (conjonction) ou à la pleine Lune (opposition).

Temps civil : Temps moyen augmenté de 12 h, rapporté à un méridien de référence.

Temps sidéral : Angle horaire du point vernal. Le temps sidéral est égal à l'ascension droite de l'astre lorsque celui-ci passe au méridien.

Temps Universel Coordonné (UTC) : Échelle de temps utilisée comme base légale du temps. UTC est en fait le Temps Atomique International (TAI) décalé d'un nombre entier de secondes afin que UTC – UT n'excède pas 0,9 seconde en valeur absolue.

Temps solaire moyen : Temps solaire vrai corrigé de ses inégalités (regroupées dans l'équation du temps). C'est un temps uniforme mais local.

Temps solaire vrai : Angle horaire du Soleil. C'est un temps non-uniforme strictement local, lu par exemple sur les cadrans solaires.

Temps Universel (UT) : Échelle de temps liée à la rotation de la Terre sur elle-même. C'est le temps moyen de Greenwich augmenté de 12 h. Le Temps Universel n'est pas uniforme en raison des irrégularités liées à la rotation de la Terre.

Temps Atomique International (TAI) : Échelle de temps établie par le Bureau International des Poids et Mesures sur la base d'indications d'horloges atomiques fonctionnant dans le monde entier (environ 500 en 2020) et dont l'unité est la seconde.

Temps des Éphémérides (ET ou TE) : Échelle de temps utilisée dans les années 1960 définie à partir de la théorie du mouvement de la Terre autour du Soleil. Remplacé aujourd'hui par le Temps Terrestre (TT), le Temps des Éphémérides reste indispensable pour les observations anciennes.

Temps Terrestre (TT) : Échelle de temps idéale liée au Temps Atomique International par la relation TT = TAI + 32,184 secondes, et utilisée dans les théories planétaires.

Topocentrique : Se rapporte à un repère situé à la surface de la Terre.

Zénith : Point de la sphère céleste situé à 90° de l'horizon.

Zodiaque : Bande de 8° de part et d'autre de l'écliptique dans laquelle circulent le Soleil, la Lune et les principales planètes. Le zodiaque est divisé en 12 signes de 30° de longitude et en 13 constellations de longitude variable.

Index

Bibliographie

Cosmographies (ouvrages anciens)
– Roland Maillard, Albert Millet, *Cosmographie, Classes de Philosophie et Sciences Expérimentales*, éd. Hachette, Paris, 1953.
– André Danjon, *Cosmographie, classe de mathématiques*, éd. Hatier, Paris, 1948.

Astronomie de position (ouvrages anciens)
– Henri Bouasse, *Astronomie théorique et pratique*, Paris, 1928.
– Pierre Sizaire, *Astronomie nautique*, Paris, 1951.

Ouvrages d'astronomie générale et d'initiation, éphémérides
– *Annuaire du Bureau des longitudes. Guide de données astronomiques*, EDP Sciences (publication annuelle).
– Guillaume Cannat, *Le Guide du ciel*, amds édition (publication annuelle).
– Marc Séguin, Benoît Villeneuve, *Astronomie & Astrophysique*, De Boek, 2002.

Ouvrages d'astronomie de haut niveau
Ces ouvrages demandent d'excellentes connaissances en mathématiques et en astronomie.
– André Danjon, *Astronomie générale, astronomie sphérique et éléments de mécanique céleste*, Librairie A. Blanchard, Paris, 1980.
– Jean Meeus, *Calculs Astronomiques à l'usage des amateurs*, éd. Société Astronomique de France, Paris, 2014.
– *Introduction aux éphémérides et phénomènes astronomiques,* publication coordonnée par Jérôme Berthier, Pascal Descamps & François Mignard, IMCCE, EDP Sciences, Paris, 2021.
– *Le manuel des éclipses*, EDP Sciences, Paris, 2005.

Sites Internet
Le nombre de sites traitant de l'astronomie est considérable. On ne citera ici que deux sites d'institutions officielles, au contenu très riche et rigoureux :
- www.imcce.fr : site de l'Institut de Mécanique Céleste et de Calcul des Éphémérides
- www.obspm.fr : site de l'Observatoire de Paris

Achevé d'imprimer en février 2023
par l'imprimerie Papergraf International
pour le compte de H&O éditions
10 rue du parc des garrigues
34380 Saint-Martin-de-Londres
Tél. 04 67 58 14 73 - 06 43 10 06 71
Courriel : heto1@wanadoo.fr
Internet : www.ho-editions.com

Dépôt légal : février 2023

Imprimé en Italie.